甘蔗副产物饲料化利用技术

张娥珍　王冬梅　淡　明　黄振勇　梁晓君　廖才学 等◎著

中国农业科学技术出版社

图书在版编目 (CIP) 数据

甘蔗副产物饲料化利用技术 / 张娥珍等著. — 北京：
中国农业科学技术出版社，2021.1

ISBN 978 - 7 - 5116 - 5155 - 6

Ⅰ．①甘… Ⅱ．①张… Ⅲ．①甘蔗－副产品－饲料加工－研究 Ⅳ．① S566.1

中国版本图书馆 CIP 数据核字（2021）第 025375 号

责任编辑	徐定娜
责任校对	马广洋
责任印制	姜义伟　王思文

出 版 者	中国农业科学技术出版社
	北京市中关村南大街 12 号　邮编：100081
电　　话	(010) 82105169　（编辑室）
	(010) 82109707　（发行部）
	(010) 82106629　（读者服务部）
传　　真	(010) 82109707
网　　址	http://www.castp.cn
经 销 者	各地新华书店
印 刷 者	北京建宏印刷有限公司
开　　本	710mm×1 000mm　1 /16
印　　张	6
字　　数	105 千字
版　　次	2021 年 1 月第 1 版　2021 年 1 月第 1 次印刷
定　　价	48.00 元

序

    甘蔗（*Saccharum officinarum*）属多年生禾本科（Gramineae）甘蔗属（*Saccharum* L.）高秆单子叶植物，热带、亚热带地区广泛种植。甘蔗是我国主要糖料作物之一，种植面积占常年糖料作物面积85%以上，主要分布在广西、云南、广东等南方省区，是当地经济发展的重要支柱和农民增收的主要来源。广西作为我国甘蔗种植、生产加工规模最大的自治区，2020年种植面积达1 200万亩，除提供重要的工农业原料蔗糖外，同时也产生了大量的农业副产物。农业副产物是指农业种植及产品生产和加工过程中产生的非主产物。目前，我国农业副产物综合利用水平低，利用方式粗放。以甘蔗生产为例，其种植加工过程产生大量的甘蔗尾梢、蔗渣、糖蜜和滤泥等。据统计，每产出1吨蔗糖就会产生1～2吨甘蔗叶梢、2～3吨蔗渣、800千克糖蜜和250千克滤泥。这些副产物中仍含有可被充分利用的糖分、蛋白质、脂肪、有机酸及各种维生素等，但由于利用模式单一、技术熟化不够等，甘蔗副产物利用率很低，其中甘蔗尾梢的利用率不足10%，绝大部分被遗弃或焚烧。这些副产物的低水平粗放利用，造成了资源浪费、效益流失、环境污染，严重影响了农业生态安全和可持续发展。大力提升农业副产物综合利用水平，对引导农业转方式调结构，促进农业增效和农民增收及乡村振兴均具有重大意义。

    针对甘蔗种植生产中副产物利用水平低、面源污染大等问题，广西壮族自治区农业科学院农产品加工研究所张娥珍团队扎根广西，以甘蔗副产物饲料化为切入点，对甘蔗尾梢、蔗渣、糖蜜等副产物进行了饲料化研究与开发，不断提高区域种养业的融合发展，为缓解广西地区肉牛、肉羊养殖业饲草料供应不足，提升甘蔗副产物利用水平开展了卓有成效的工作。

结合多年的研究成果，张娥珍团队撰写完成《甘蔗副产物饲料化利用技术》。该书对糖蜜络合物饲料添加剂、甘蔗副产物发酵饲料专用复合微生物制剂、甘蔗尾梢发酵饲料、甘蔗渣发酵饲料、甘蔗尾梢颗粒饲料等产品的制备及其应用进行了系统阐述，并根据牛羊不同生长阶段的营养需求，提供了可供参考的日粮搭配组合。《甘蔗副产物饲料化利用技术》为热区农业副产物饲料化利用提供了"方法论"，是农业副产物综合利用技术的一次阶段性总结沉淀，值得广大从事饲草、饲料及农业副产物开发利用等从业者参考、借鉴。

值此书出版之际，欣然作序，以示祝贺。

刘国道
中国热带农业科学院副院长
中国热带作物学会理事长
2020 年 11 月 16 日

前　言

　　近年来，广西生猪及家禽业得到蓬勃发展，但牛羊等草食动物的发展与发达地区相比，整体水平还较为落后，没有形成标准化、规模化生产。发展草食畜禽动物产业的首要任务是要解决饲草料加工技术不足、饲草料品质差等问题。

　　据资料显示，2013/2014 年榨季，全国糖料种植面积达 2 805 万亩，其中甘蔗种植面积达 2 568 万亩，2015 年我国甘蔗总产量 12 561.1 万吨。2020 年广西甘蔗种植面积达 1 200 万亩，云南种植面积达 600 万亩。甘蔗及其副产物中含有充足的水分、糖、蛋白质、脂肪、有机酸及各种维生素等，可作为一种重要的非粮饲料作物。每年甘蔗收获期（11 月至翌年 2 月）正值南方枯草期，利用甘蔗收割后剩余副产物作为越冬草料饲料，可以有效解决南方冬春季节饲料匮乏的难题。

　　广西是甘蔗主产区，每年榨季有大量的甘蔗副产物产出，甘蔗尾梢、甘蔗渣、糖蜜等甘蔗副产物具有非常高的饲用价值，目前甘蔗副产物利用率和转化率较低。本书主要介绍了广西农业科学院农产品加工研究所张娥珍团队多年来对广西大宗作物——糖料蔗副产物（甘蔗尾梢、甘蔗渣、糖蜜等）饲料化利用技术研究方面取得的研究成果。书中详细介绍了甘蔗尾梢发酵饲料、甘蔗渣发酵饲料、甘蔗尾梢颗粒饲料，以及糖蜜络合物饲料添加剂的加工制备技术及饲喂效果，并根据育肥期不同阶段牛、羊生长需求进行日粮搭配组合，为甘蔗副产物饲料化利用提供参考。

　　本书出版是在公益性行业（农业）科研专项（201203072）、广西重点研发计划（桂科 AB16380174）、广西创新驱动发展专项（桂科

AA17204035）的资助和支持下完成，特此鸣谢！

撰写过程中，由于著者水平有限，难免存在不足之处，恳请读者给予批评指正。

著　者

2020 年 10 月 15 日

《甘蔗副产物饲料化利用技术》
著者名单

主要著者

张娥珍　王冬梅　淡　明　黄振勇　梁晓君　廖才学

参与著者

韦馨平　陈思业　徐兵强　黄梅华

何全光　周主贵　蓝桃菊　覃仁源

目 录 *Contents*

第一章　甘蔗副产物饲料化利用概况

甘蔗副产物主要包括甘蔗收获过程中遗留在田间的甘蔗尾梢、制糖加工后产生的蔗渣、糖蜜和滤泥等。据统计，每产出 1 吨蔗糖就会产生 1～2 吨甘蔗叶梢，2～3 吨蔗渣，800 千克糖蜜和 250 千克滤泥。我国虽然是甘蔗种植大国，但对其副产物的利用模式还比较单一，未能进行深度开发，造成浪费。广西壮族自治区（以下称广西，全书同）每年的甘蔗尾梢产量约为 1 400 万吨，甘蔗尾梢的利用率不足 10%，绝大部分被遗弃或焚烧；90% 甘蔗渣用于糖厂锅炉发电和供应蒸汽燃料，剩余 10% 主要用于造纸及生产动物饲料，效益低下，且严重污染环境；绝大部分糖蜜用于生产乙醇，虽然利用效率较高，但经发酵生产乙醇后的副产物糖蜜乙醇废液是一种高酸度有机废水，净化处理难度大，直接排放对环境污染严重。因此寻求甘蔗尾梢、蔗渣、糖蜜等甘蔗副产物高效利用新手段，科学合理地对其加以利用，取得更大的经济、社会及生态效益，是今后研究的重点。如何把甘蔗副产物最大饲料化利用，有效解决草食动物季节性饲草短缺问题，建立更高一级的"植物种植—动物养殖"耦合系统，是国内外副产物资源饲料化利用过程中亟待解决的重要问题。

第一节　甘蔗副产物饲用价值

一、甘蔗尾梢饲用价值

甘蔗尾梢是甘蔗采收时顶尖 2～3 节和尾部青绿叶片的统称，也是甘蔗生产中主要副产物之一，约占全株甘蔗的 20%，每年产量巨大，是南方地区畜禽养殖重要的青饲料来源。目前我国甘蔗尾梢的利用率不足 10%，大部分被废弃，造成粗饲料资源的严重浪费。甘蔗尾梢富含糖分、蛋白质、多种氨基酸、维生素 B_6、维生素 B_1、维生素 B_2、烟酸和叶酸等多种维生素，营养价值极高。在干物质基础上，甘蔗尾梢总糖含量为 28%～32%，粗蛋白为 6%～8%，粗脂肪为 3%～5%，中性洗涤纤维为 55%～68%，酸性洗涤纤维为 22%～35%，灰分为 5%～8%，钙为 0.17%～0.5%，磷为 0.1%～0.2%，总能量为 12～16 兆焦耳 / 千克，是优良的青饲料来源。新鲜的甘蔗尾梢可直接饲喂，适口性好，动物采食量高于木薯渣、玉米秸、稻草等同类秸秆，但由于甘蔗尾梢中粗纤维和粗灰分含量较高，粗蛋白、钙和磷含量较低，需进一步处理以提高其饲料转化率，同时需搭配一定的精饲料以满足畜禽生长需要。

二、甘蔗渣饲用价值

甘蔗渣是甘蔗在制糖生产中，经破碎和提取蔗汁中的蔗糖后留下的大量纤维性废渣，是甘蔗制糖工业的主要副产品，一般占甘蔗的 24%～27%，属于农业固体废弃物，也是一种重要的可再生生物质资源。甘蔗渣含粗蛋白 1.5%～2%、粗纤维 37%～46%、粗脂肪 0.6%～0.7%、粗灰分 2%～4%。甘蔗渣木质素含量较高，适口性极差，不适合直接饲喂动物，有可能引起消化系统紊乱和损伤，限制了其作为饲料原料的直接饲用。但是木质素在充分发酵后非常适合饲喂，有研究表明，1 千克木质素经发酵后可产生 275 克香兰素，饲喂发酵后的甘蔗渣，动物的肉质会得到改善。甘蔗渣水分含量在 50% 左右，作为饲料原料的使用如不及时处理极易变质，一般会搭配糖蜜、尿素、木薯粉等原料进行混合发酵，对营养需求高的可以适当添加玉米、豆粕等精饲料进行发酵，可明显改善其适口性。

三、甘蔗糖蜜饲用价值

糖蜜是糖类作物制糖后的副产品，大约 100 吨甘蔗可生产 10～11

吨蔗糖和 3 ～ 4 吨糖蜜。糖蜜含有 40% 左右的糖分，主要为果糖、葡萄糖和蔗糖，其蛋白质含量在 3%～ 6%，有丰富的维生素、无机盐及其他高能量非糖物质，如烟酸含量、肌醇、锰、钴等，可为动物提供更多的能量。糖蜜是一种物美价廉的饲料原料，其甜味可掩盖饲料的不良气味，改善饲料的适口性，饲粮中添加糖蜜对牛羊有增重作用，提高产奶量，同时改善瘤胃环境，促进消化吸收。在青贮、微贮及蛋白饲料制作时通常加入糖蜜提高饲料整体可溶性糖含量以保证饲料品质。

第二节　甘蔗副产物饲料化利用研究进展

甘蔗尾梢具有产量大、产地集中、成本低、适口性好等特点，可作为青粗饲料使用。目前甘蔗尾梢的利用方式有直接投喂、青贮、微贮、氨化、加工成脱水饲料等。甘蔗尾梢粗纤维含量高，粗蛋白、钙、磷含量低，单一饲喂不能满足畜禽生长营养需求，合理补饲或处理可提高甘蔗尾梢饲料转化率。余梅等以甘蔗尾梢青贮为基础粗料饲养水牛，发现同时补饲精料可提高水牛采食量、对日粮的消化利用效率和氮代谢水平；朱欣等研究不同添加物对甘蔗叶梢青贮发酵品质的影响，发现添加 0.6% 尿素和 10% 玉米秸秆 +10% 米糠对甘蔗叶梢青贮饲料的发酵品质和营养价值效果最好；郑晓灵等比较了青贮和微贮甘蔗梢的效果，发现甘蔗尾梢经过 EM 菌剂微贮后，粗蛋白、粗脂肪和粗灰分含量分别比直接青贮显著提高了 62.0%、36.8% 和 6.0%，在不补饲精料情况下，普通青贮的甘蔗梢平均日增重仅为 33 克，经 EM 菌剂微贮后平均日增重高达 314 克，提高近 9.5 倍；唐林等探讨了不同处理方法对甘蔗叶梢营养价值的影响及饲喂山羊的效果，发现青贮甘蔗叶梢、氨化甘蔗叶梢和微贮甘蔗叶梢 3 种饲料均达到优级标准，与新鲜甘蔗叶梢相比，氨化和微贮提高了甘蔗叶梢的粗蛋白、粗脂肪、灰分、钙、磷含量，同等条件下，氨化、微贮均可极显著提高山羊对甘蔗叶梢的采食量、平均日增重和养羊经济效益。

甘蔗渣纤维成分丰富、价格低廉、集中易收集，是一种很有利用价值的饲料资源。目前，甘蔗渣常用的处理方法有物理处理法、化学处理法和生物处理法。物理处理法是通过粉碎、蒸煮、高压蒸汽裂解、辐射等方式降低蔗渣结晶度、破坏木质素与纤维素和半纤维素的紧密结构，使蔗渣适合用于饲喂。陈彪等利用高压蒸汽裂解处理蔗渣，有效破坏了蔗渣纤维，处理后的蔗渣还原糖浓度明显提高。化学处理法主要是利用酸、碱、有机溶剂等处理甘蔗渣，使其木质素和纤维素之间酯键断裂，纤维素部分水解膨胀，反刍动物瘤胃液易于渗入，从而提高蔗渣的消化率，包括碱化处理、氨化处理和酸化处理。毛华明等研究表明甘蔗渣经尿素、Ca（OH）$_2$ 和 NaOH 处理后，中性洗涤纤维、酸性洗涤纤维和木质素均有不同程度的下降，体外有机物消化率明显提高，当 NaOH 用量为 80 克／千克时，甘蔗渣营养价值可达中等羊草水平。生物法处理主要是利用酵母、细菌、放线菌等微生物处理甘蔗渣，使蔗渣部分降解成易于被动物体利用的糖类物质，同时通过微生物代谢生成蛋白质、氨基酸、还原糖等营养物质，使处理后甘蔗渣的适口性、产品风味和营养价值得以明显改善。林清华等利用微生物混合培养技术，以甘蔗渣为唯一碳源生产单细胞蛋白，发酵产物的粗蛋白含量是原甘蔗渣的 12 倍以上；美国学者 Matsuoka 将接种纤维素分解菌、产硝酸盐微生物、淀粉及蛋白质降解微生物、木质素降解微生物的麸皮、米糠混合培养物与蔗渣混合发酵，成功获得一种高消化率的饲料，并已申请美国专利。

甘蔗糖蜜是动物饲料中常见的原料，也是一种颇具特色的高质量饲料成分，可以增加饲料的营养价值、改善动物的生长性能；在饲料配方中添加糖蜜，可以使动物的能量得到迅速的补充，使配方设计变得更加灵活。由于大部分动物都有嗜甜的特点，所以糖蜜作为口味调节剂在牛料、猪料、鸡鸭料以及水产料中都有广泛的应用。20 世纪80 年代开始，以糖蜜为碳源，尿素为氮源，同时添加其他物质压制而成的尿素糖蜜舔砖就在世界各国广泛流行，被亲切地称为"牛羊的巧克力"。在欧洲，许多厂家都用糖蜜来降低粉尘，改善颗粒饲料质量，其添加量最高可达5%。有实验表明，在猪饲料中加入糖蜜代替等量能量饲料，猪的摄食量可增加9%～12%；在肉鸡饲料中添加2%糖蜜，日增重明显提高；在奶牛日粮中添加部分糖蜜，可以促进瘤胃微生物的消化能力，提高日粮采食量；在泌乳早期奶牛日粮中添加糖蜜，可在很大程度上缓解"能量负平衡"现象。王世雄在肉牛日粮（全株玉米青贮＋精料）中添加糖蜜发现，净增重和平均日增重有显著提高；郑宏通过补饲尿素糖蜜舔砖后，育肥藏系羔羊试验组与对照组相比，平均日增重提高80.74克，增重率提高7.39%，经济效益明显提高。

甘蔗是我国的主要糖类作物，是全国90%以上糖料的来源，广西是我国甘蔗主产区，甘蔗种植面积占全国65%以上，蔗糖产业是广西农业发展的基础，是广西实现经济增长、推动财政增长的主导产业，更是广西的支柱型产业，在广西的经济发展中有着极其重要地位。根据"粮改饲"农业结构性改革的推进以及"建设壮美广西，共圆复兴梦想"的生态文明建设需要，结合近年来广西畜牧业的发展趋势，甘蔗副产物综合高效利用迎来巨大挑战，甘蔗饲料化利用方面的应用研究尤显重要。甘蔗副产物饲料化关键技术的推广可降低牛羊对自然植被的破坏，缓解草畜矛盾，保持生态平衡，提高养殖业的经济效益，促进广西养殖业持续稳定健康发展，延长农作物产业链，循环发展农牧业，增加农民收入。同时，减少甘蔗尾叶焚烧，有利于保护环境，实现热带农业绿色环保的可持续发展。

第二章 糖蜜络合物饲料添加剂

第一节 概 述

糖业是广西的支柱产业之一，每年在蔗糖加工过程中产生150万吨左右的废糖蜜。甘蔗糖蜜含有24%～36%的蔗糖，12%～24%其他糖，3%～4%胶体，8%～10%矿物质以及3%～6%粗蛋白质。甘蔗糖蜜作为一种有机能量原料，早在1898年作为原料在饲料工业中使用，是具有重要利用价值的资源。

饲料添加剂是指在饲料生产加工、使用过程中添加的少量或微量物质，在饲料中用量很少但作用显著。饲料添加剂是现代饲料工业必然使用的原料，在强化基础饲料营养价值，提高动物生产性能，保证动物健康，节省饲料成本，改善畜产品品质等方面有明显效果。

动物必需的微量元素主要包括铜、锌、铁、锰、钙、镁和钴等，微量元素是构成动物机体多种酶系统的重要成分，在畜禽生长代谢过程中起着重要作用。微量元素摄入量过多，会引起畜禽中毒；微量元素缺乏可以引起动物生长和生产性能大幅度降低，影响养殖效益。

饲料原料中所含微量元素的含量和效价存在较大差异，通常需要根据实际情况额外添加。目前在生产和实践中大多使用硫酸铜、硫酸锌和硫酸亚铁等无机微量元素，无机微量元素在使用中存在以下缺陷：一是生物利用率低，动物仅能利用添加量10%以下的无机微量元素，没被利用的部分则被排出体外，造成浪费又增加动物机体和环境的负担；二是离子态的微量元素金属离子在肠道内受到植酸、草酸和纤维素的影响，进一步降低其吸收率；三是元素间的拮抗作用也影响生物效价，金属离子间的氧化还原反应会对维生素造成破坏，从而使营养物质流失，降低其吸收利用率。

研究发现，糖蜜作为饲料使用，糖蜜的主要利用方式是直接加入草料中搅拌后对畜禽进行饲喂，这种方式会使糖蜜营养物质不易被机体吸收利用。另外，大多数饲料制作过程没有加入微量元素，即使个别加入少量的微量元素也是以无机离子形态加入的。将多种有机物与微量元素进行络合反应，可使得无机盐形态的微量元素更容易被吸收。

随着科技进步和人们健康意识的增强，人们在追求动物高产的同时，还对畜禽产品质量安全问题越来越重视，对使用高剂量无机物质导致的环境污染也越来越关注。因此，微量元素糖蜜络合物饲料添加剂作为饲料添加剂的研究和应用成为动物营养领域研究的热点课题之一。

第二节　糖蜜络合物饲料添加剂

糖蜜是制糖工业的副产品。糖蜜一般含 3％～6％粗蛋白，且多为如氨、酰胺及硝酸盐等非蛋白氮类，而氨基酸态氮仅占38％～50％，且非必需氨基酸如天门冬氨酸、谷氨酸含量较多，因此蛋白质生物学价值较低，但天门冬氨酸和谷氨酸均为呈味氨基酸，故用于动物饲料中可大大刺激动物食欲。

目前在生产和实践中使用的微量元素大多为碳酸盐和硫酸盐等无机盐成分，其中以硫酸盐较多，而硫酸盐会吸水返潮，会影响后续的加工处理、设备寿命和维生素等其他成分的稳定性，所以必须经过预处理。常用预处理的措施有络合或螯合，可使一种或多种微量元素形成复合络合物。微量元素络合物有良好的化学稳定性，可方便预混料的加工和贮存，有较高的生物学效价。

如何将糖蜜和微量元素金属离子进行有机络合，发挥糖蜜功能性强、适口性好等优点的同时克服无机微量元素不易吸收利用等缺点，具有重要的研究和实际意义。

采用糖厂的副产物废糖蜜为主要原料与微量元素经多元络合反应后，再与玉米粉、豆渣、米糠等经过混合发酵，可生产有机多重络合物饲料添加剂，该项专利技术工艺简单、成本低，不对外排放废渣，绿色环保。

一、糖蜜络合物饲料添加剂制备

1. 原料及发酵菌剂制备

制备糖蜜络合物饲料添加剂的原料：糖蜜、微量元素（硫酸亚铁、硫酸锌、草酸钙、硫酸锰、硫酸铜）、玉米粉、豆渣、米糠和发酵菌剂（产朊假丝酵母菌、枯草芽孢杆菌、乳酸菌等）。

（1）一级培养：将分离、纯化、驯化得到的菌种分别用一级培养基在22～35℃培养1～2天。

一级培养基的原料配比：葡萄糖5%～8%、琼脂粉5%～8%、磷酸二氢钾3%～5%、氯化钠2%～5%、硫酸亚铁1%～3%、硫酸锌1%～2%、牧草汁5%～10%，其余为煮熟的马铃薯泥；制备过程是将上述原料加水调成糊状蒸熟5～10分钟，冷却至室温备用。

（2）二级培养：将一级培养所得菌种接种到二级培养基中，在22～35℃培养3～5天，真空冷冻干燥后按一定比例混合均匀得到发酵菌剂。

事先加入从牛羊反刍胃中取出的胃渣及胃液混合均匀，重量份数为二级培养基总重量的1%～3%。二级培养基的原料重量份数：红糖5～8份、玉米粉5～8份、氯化钠2～5份、磷酸二氢钾3～5份、硫酸亚铁1～3份、硫酸锌1～2份、硫酸铜0.5～1份、牧草汁5～10份、麦麸10～15份、煮熟的马铃薯泥10～20份；制备过程是将上述原料加水调成糊状蒸熟5～10分钟，冷却至室温备用。

2. 糖蜜络合物饲料添加剂制备方法

（1）将一定量的废糖蜜置于反应釜内加热，保持釜内温度在

85～105℃，每次加入一种微量元素各反应1～2小时，反应过程不断搅拌，得到反应溶液。

（2）在反应溶液里加入碱（氢氧化钠、碳酸钠、氢氧化钾、氢氧化铵或碳酸钾），调节pH值为6.0～7.0。

（3）在加入碱的反应溶液自然冷却后，加入玉米粉、米糠和发酵菌种混合均匀后进行厌氧发酵培养7～15天；得到预混料，密封备用。

（4）再将豆渣与预混料混合均匀后进行厌氧发酵培养7～15天；即得到以糖蜜为原料的有机多重络合物饲料添加剂。

二、糖蜜络合物饲料添加剂特点

糖蜜络合物饲料添加剂，由于糖蜜的加入而具有很好的适口性，微量元素利用率高、轻微糖甜香味使得牛羊喜欢取食，添加到饲料中增强饲料的适口性，且饲料添加剂含有促生长因子和益生菌群，牛、羊等畜禽食用后可以显著提高饲料利用率、日增重和体重，提高生产性能，改善肉品质（图2-1）。

图 2-1　糖蜜络合物饲料添加剂

发酵菌剂中包含的多种益生菌群能大量吸取畜禽难以利用的有机氮、无机氮进行生长繁殖，提高菌体蛋白含量，对糖蜜络合物起到很好的发酵作用，能增强牛羊的吸收功能和抗病能力。在二级培养基中添加牧草汁和牛羊反刍胃中取出的胃渣及胃液，添加牧草汁能让微生物在培养过程中更好地适应存在大量粗纤维、木质素的环境，粗纤维、木质素通过生物生化的作用，把畜禽不能吸收的高分子碳水化合物转化成可吸收利用的低分子碳水化合物；添加反刍动物胃中取出的胃渣及胃液能让发酵菌种适应牛羊反刍胃的环境，使发酵菌种在发酵过程中原料更接近牛羊反刍胃环境，牛羊采食后不易产生肠胃不适等情况，能够增强食欲，促进胃肠蠕动和分泌的作用，提高饲料的适口性。

第三章　甘蔗副产物发酵饲料

第一节　饲用微生物制剂

饲用微生物制剂，是从动物或自然界分离、鉴定或通过生物工程人工组建的有益微生物，经培养、发酵、干燥、加工等特殊工艺制成的含有活菌并用于动物饲养过程的制剂。现阶段，我国可用于动物饲料添加的微生物菌种有 35 种，常见的有干酪乳杆菌、植物乳杆菌、嗜酸性乳杆菌、粪链球菌、乳链球菌、谷草芽孢杆菌、纳豆芽孢杆菌、乳酸片球菌、啤酒酵母、产朊假丝酵母、沼泽红假单胞菌曲霉等。饲用微生物制剂因其具有无污染、无残留、绿色的特点，被动物摄入机体后，具有提高畜禽生长性能、调节机体肠道微生物平衡、提高机体免疫力等作用而备受关注。家禽家畜养殖业中饲用微生物制剂已经在逐步地取代传统的添加剂。饲用微生物制剂作为遵循生态环境自然循环法则的无公害制剂，将是饲用添加剂行业的一种发展趋势。

一、饲用微生物制剂的特点

（1）安全环保，饲用微生物制剂符合安全原则，不产生有毒有害物质，不危害环境固有的生态平衡。

（2）饲用微生物制剂的菌体有很好的生长代谢活力，能在适宜的条件下快速增长。

（3）饲用微生物制剂菌种来源于动物肠道中的优势菌群。

二、饲用微生物制剂的作用机理

饲用微生物制剂作用机理主要有以下几个方面。

（1）生物夺氧。好氧菌在生长繁殖过程中可快速消耗环境中过量氧气，造成厌氧环境，利于厌氧菌繁殖，打破不利的菌群平衡，营造有利的菌体平衡。

（2）生物颉颃致病性微生物。有益微生物通过产生细菌素和有机酸等杀死或抑制病原菌。

（3）改善体内外生态环境，减少有害物质的产生。饲用微生物制剂能分解饲料消化过程中产生的氨、胺、硫化氢等有害物质，降低体内及体外有毒物质含量。

（4）增强动物体免疫功能。有益微生物细胞壁含有的免疫多糖类物质，可以提高动物的免疫能力。

（5）促进动物生理机能成熟。有益微生物能使动物小肠黏膜皱褶增多，绒毛加长，黏膜陷窝加深，增加小肠吸收面积，提高细胞RNA、DNA及蛋白质合成水平。

（6）产生多种酶类，提高消化酶活性。芽孢杆菌能产生丰富的淀粉酶、蛋白酶、胺、脂肪酶、果胶酶、葡聚糖酶、纤维素酶，饲喂芽孢杆菌的动物肠道各种消化酶均有不同程度提高。

三、饲用微生物制剂在畜禽养殖中的运用

动物营养和饲料对养殖业的发展产生决定性的影响。饲用微生物制剂的合理利用可以促使动物营养和饲料体系更加完善，提高动物自身抵抗力和健康水平，减少疫病发生。饲用微生物制剂用于制作动物饲料，可以提升动物营养吸收率，促进动物生长发育。

1. 提高生产性能

饲用微生物制剂中的益生菌可促进动物胃肠道内产生多种消化酶，利于营养物质消化吸收，促进生产。动物消化功能的加强加快了体内的新陈代谢，提高了动物机体对营养物质的有效吸收率，饲用微生物制剂的添加让动物消化系统长期处于最佳生理状态，动物的消化功能得以加强，其对有益物质的吸收水平也就更高。

2. 提高免疫力

饲用微生物制剂的添加丰富了动物体内益生菌的种类。在动物的日粮中添加一定量的饲用微生物制剂，可以调节胃肠道微生物区系，提升益生菌占比，竞争性抑制并排斥病原菌，平衡胃肠道微生态菌群，使动物机体恢复健康。益生菌能黏附到动物胃肠壁细胞上，起到屏障作用，阻止致病菌入侵。

3. 改善反刍动物畜舍环境

饲用微生物制剂的加入使得消化系统中的氨基氧化酶和硫化物分解酶增加，改善动物胃肠道微生态环境。益生菌进入宿主动物胃肠道后，促进其胃肠道益生菌的增殖，竞争性排斥有害菌，抑制其生长繁殖，通过调整胃肠道菌群平衡，减少了肠道中的有害游离物质，降低了粪便以及氨的排出量，减轻动物粪便的氨臭，改善和优化动物饲养生态环境，减少环境污染和外环境致病菌的繁衍。

第二节　甘蔗副产物发酵饲料专用复合微生物制剂

中国是甘蔗种植大国，其甘蔗副产物具有巨大的经济、社会及生态效益，但是目前甘蔗副产物的利用模式还是比较单一，甘蔗副产物开发利用还存在较大难度，大量甘蔗副产物没能充分利用，尤其是甘蔗渣。甘蔗副产物饲料化利用是一道亟待解决的技术性难题，因此开发一种高效高速、转化率高、稳定性好的甘蔗副产物饲料专用的发酵菌剂，具有很好的发展前景和社会意义。

甘蔗副产物发酵饲料的核心技术是饲用微生物制剂，菌剂不同，对甘蔗副产物成分的利用转化能力不同，发酵后的品质也不同。甘蔗副产物发酵饲料专用复合微生物制剂是针对甘蔗尾梢、甘蔗渣等原料粗纤维含量高的特性而研发，菌剂对来自大自然的原始菌株进行富集、筛选和驯化，得到的驯化菌具有很强的繁殖能力、适应能力和针对性，其分解甘蔗尾梢和甘蔗渣中纤维素的能力大大提升。对驯化菌进行包埋处理，真空冷冻干燥后再与产朊假丝酵母、植物乳杆菌、枯草芽孢杆菌等多种益生菌冻干粉按照特定比例混合形成菌剂粉，形成的微生物制剂能针对性地分解甘蔗副产物中的纤维素，可将粗纤维、木质素等动物难以充分消化吸收的高分子碳水化合物转化成可吸收利用的低分子物质，同时提高了发酵饲料中粗蛋白的含量，提高饲料的营养性和适口性，各菌种相互协调配合，发酵高效，速度快，耗能低，转化率高，稳定性好。

使用甘蔗副产物发酵饲料专用复合微生物制剂可以使甘蔗尾梢、甘蔗渣等饲料产品中粗蛋白含量提高 2～3 倍，大幅降解木质素纤维素，提高能量，大量增加各种益生菌和氨基酸含量，使甘蔗尾梢、甘蔗渣转化为高蛋白优质饲料，提高其饲用价值。

一、甘蔗副产物发酵饲料专用复合微生物制剂制备方法

甘蔗副产物发酵饲料专用复合微生物制剂，包含特制的驯化菌冻干粉以及产朊假丝酵母、植物乳杆菌、枯草芽孢杆菌等多种活菌冻干粉，能有效降解甘蔗尾梢、甘蔗渣等原料中的粗纤维，提高饲料粗蛋白含量，在甘蔗副产物饲料化利用过程中具有极其重要的实际意义。

1. 菌种分离和驯化

（1）菌种来源：选取半年以上的甘蔗地土壤或甘蔗叶堆沤泥，或是糖厂甘蔗渣堆放区堆放半年以上形成的污泥，作为原始菌泥。

（2）菌种的分离纯化：将原始菌泥按梯度稀释后涂布于纤维素培养基，恒温培养待菌落形成后，挑选具有纤维素降解能力的菌株进行划线分离，随后转接纯化 2～3 次直至降解能力稳定（图 3-1）。

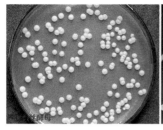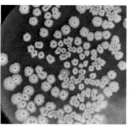

图 3-1　菌种分离纯化

（3）一次驯化：将新鲜甘蔗尾梢粉碎、灭菌，按照（1～1.5）：1比例加入培养基中，配制得到一次驯化培养基。将纯化后的菌株接种到培养基中，恒温培养，即得一次驯化菌。

（4）二次驯化：将新鲜甘蔗尾梢粉碎、灭菌，得 A 料；将榨汁后的甘蔗渣粉碎、灭菌，得 B 料；取糖厂中甘蔗渣喷淋水形成的污水，除去杂质，得 C 料。将 A、B、C 料分别进行两两组合和三者组合，制得 4 个二次驯化培养基，分别接种一次驯化菌的菌液，于35～42℃条件下培养 15～30 天，选择甘蔗尾梢、甘蔗渣粗纤维分解率最多，污水澄清，不发臭的一组为最优，纱布过滤，滤液作为二次驯化菌液。

（5）扩大培养：将二次驯化菌的菌液进行扩大培养，培养 40～50小时。

2. 微生物制剂的制备

（1）驯化菌冻干粉的制备：取扩大培养达到稳定期的菌液，离心，沉淀用无菌磷酸盐缓冲液洗涤，离心，沉淀再重悬于无菌磷酸盐缓冲液，加入包埋剂，进行真空冷冻干燥，即得驯化菌冻干粉剂。

（2）益生菌菌粉的制备：将产朊假丝酵母、植物乳杆菌、枯草芽孢杆菌等益生菌分别接种于液体培养基中，恒温培养至稳定期，分别取菌液离心，弃上清液，无菌磷酸盐缓冲液清洗沉淀，离心弃上清液后再重悬于无菌磷酸盐缓冲液，加入包埋剂，进行真空冷冻干燥，即得各菌的冻干粉剂。

（3）甘蔗副产物发酵饲料复合微生物制剂的配制：将驯化菌冻干粉与各菌的冻干粉剂按特定比例混合均匀，即得甘蔗副产物发酵饲料复合微生物制剂。

二、甘蔗副产物发酵饲料专用复合微生物制剂（图 3-1、图 3-2）的优点

（1）驯化菌来源于大自然，经过富集、分离、纯化、驯化得到，具有很强的繁殖能力与适应能力，针对性强。

（2）经过驯化后，菌株降解纤维素的能力大大提升，尤其是降解甘蔗尾梢和甘蔗渣粗纤维能力。

（3）各菌种相互协调配合，提高发酵效率，弥补单一菌种发酵能力有限的缺点。

（4）解决了自然发酵菌种过于复杂，发酵过程可控制性差的问题。

（5）通过发酵过程中微生物及其产生的多种生理代谢物质，可以有效杀灭病原菌，减少抗生素的使用。

图 3-2　甘蔗副产物发酵饲料专用复合微生物制剂

三、甘蔗副产物发酵饲料专用复合微生物制剂的应用

甘蔗副产物饲料专用复合微生物制剂包含的菌种经过驯化以后，降解粗纤维的能力大大提升，适用于甘蔗副产物饲料化利用，特别是

牛羊等反刍动物饲料的制备，可以提高发酵饲料的可消化蛋白含量，同时改善饲料适口性。

采用甘蔗副产物发酵饲料专用复合微生物制剂制备反刍动物饲料，150 克微生物制剂可发酵甘蔗尾梢或甘蔗渣 1～1.5 吨（视原料水分含量而定）。用糖蜜（或白糖、红糖）按 1∶10 比例制成糖水，加入微生物制剂，搅拌均匀，放置活化 30 分钟。再将活化后的菌液倒入 2 千克玉米粉中，搅拌均匀，随后均匀撒于切段后的甘蔗尾梢或甘蔗渣中（或直接用喷雾器将活化的菌液喷洒于秸秆上），堆放至发酵池或发酵桶中压实密闭，发酵 21 天各项指标基本稳定，产气量明显下降，饲料质量稳定，可用于动物喂养，适口性优良，发酵饲料的营养成分变化见表 3-1。

表 3-1　发酵饲料的营养成分变化

检测项目	初始原料	发酵 7 天	发酵 14 天	发酵 21 天	发酵 28 天
蛋白质（%）	17.79	18.38	18.67	19.54	20.08
活菌数（菌落数 / 克）	$0.14×10^{10}$	$1.90×10^{10}$	$2.00×10^{10}$	$0.40×10^{10}$	$0.39×10^{10}$
水分（%）	60.00	61.06	63.01	65.27	65.32
pH 值	4.54	4.29	3.89	3.76	3.71
中性洗涤纤维（%）	49.63	49.03	36.20	35.03	34.84
酸性洗涤纤维（%）	4.55	4.63	4.08	3.53	3.48
粗脂肪（%）	9.01	12.46	11.61	10.02	9.98
粗灰分（%）	12.30	11.85	11.24	10.83	10.78

以甘蔗渣为主要原料，采用甘蔗副产物发酵饲料专用复合微生物制剂与市面上 2 种常见发酵菌剂进行发酵对比实验，结果如表 3-2 所示。

表 3-2　不同菌剂发酵生产饲料的营养成分变化

检测项目	原料	专用复合微生物制剂 发酵 30 天	菌剂 1 发酵 30 天	菌剂 2 发酵 30 天
蛋白质（%）	16.65	17.29	17.27	17.16
中性洗涤纤维（%）	49.02	37.26	38.73	40.18
酸性洗涤木质素（%）	4.55	4.15	4.38	4.41
粗脂肪（%）	7.06	8.74	8.66	7.36
粗灰分（%）	12.36	10.81	11.04	11.23

甘蔗副产物发酵饲料专用复合微生物制剂在发酵条件相同情况下，各项指标均优于其他 2 种菌剂，其中对中性洗涤纤维及酸性洗涤木质素的降解能力强，发酵后粗灰分含量下降，粗蛋白含量得到较大提高，发酵效果好。

第三节　甘蔗尾梢发酵饲料

发酵饲料是利用饲用微生物制剂进行发酵制备而成，具有绿色天然、无毒副作用、安全可靠、无残留、无污染及不产生抗药性等优点，近年来得到推广和应用。发酵饲料充分利用益生菌的生物合成和代谢作用将饲料中的大分子物质分解为小分子物质，并有效降解饲料中的抗营养因子，提高饲料的转化率和利用率。益生菌在饲料发酵过程中会产生有机酸、细菌素、小肽、酶类、游离氨基酸等活性物质，提高饲料的营养价值并起到促进动物生长和降低疾病发生的作用。

随着养殖业的发展，饲料原料紧缺，饲料价格攀升，规模化养牛、养羊急需价格低、营养全面的饲料。在我国南方地区，连片的草地少，要形成规模化放牧养殖很难，所以在南方，畜牧养殖只能以围栏圈养方式为主，同时搭配合理的、营养全面的饲料进行饲喂。甘蔗尾梢是南方地区优质的粗饲料资源，如果能够开发利用这些资源，助力发展南方地区畜牧业，将具有重大的经济、社会及生态价值。牛羊在不同生长、生理时期对营养的要求不同，对饲料的要求也不相同，需要特别配制。作为粗饲料原料的甘蔗尾梢，需要挖掘其营养潜力，科学合理利用，不断提高其饲料利用率。如何合理利用饲料资源，科学加工饲料，对畜牧业的发展起着决定性的作用。

甘蔗尾梢发酵饲料是以甘蔗尾梢为主要原料，豆粕、米糠、麦麸、玉米粉等精料为辅料，搭配微量元素和氨基酸，通过饲用微生物菌剂进行发酵制备而成。该项技术制备牛羊饲料的方法简单、成本低，不对外排放废渣，绿色环保，发酵后得到的牛羊饲料营养全面，有甘蔗尾梢的香甜味，牛羊爱吃，生长快。

以甘蔗尾梢为主要原料发酵生产牛羊饲料实现了甘蔗尾梢低成本、无二次污染的综合利用，为甘蔗尾梢的利用开辟了一条新途径，不但提高了农民的经济收入，还为畜牧业提供大量的饲料来源，降低饲养成本，对甘蔗种植区、畜牧业、饲料工业以及环境可持续发展等方面都具有重要的意义，具有良好的应用前景。

一、甘蔗尾梢发酵饲料制备工艺

甘蔗尾梢发酵饲料所用的原料须为新鲜绿梢枝，砍收后 1～2 天使用，刀口位置有红斑应砍掉，泛黄、干枯和发霉的原料不能使用。甘蔗尾梢粉碎程度应根据饲喂对象进行选择，牛料铡断长度在 3～5 厘米，羊料切割长度在 1～2 厘米或使用揉丝机进行揉丝处理。适宜的粉碎粒度有利于动物采食和消化吸收，可提高饲料的转化率，减少动物粪便排泄量，提高动物生产性能。常见的几种秸秆粉碎机如图 3-3 所示。

图 3-3　几种常见的秸秆粉碎机

图 3-3　几种常见的秸秆粉碎机（续）

（一）甘蔗尾梢全混合发酵

甘蔗尾梢发酵饲料全混合发酵是将粉碎好的甘蔗尾梢、豆粕、米糠、麦麸、微量元素、氨基酸、玉米粉和饲用微生物制剂等物料，按照一定的配比一次性混合均匀，调整水分后密封发酵而成。

1. 全混合发酵技术生产甘蔗尾梢发酵饲料工艺流程（图 3-4）

（1）原料选择与配伍：饲料原料中影响发酵菌种活力的关键因素有碳源、氮源、盐度、pH 值等。不同原料具有不同的发酵目标和发酵潜力。根据饲喂对象及其营养特性，可选择豆粕、米糠、麦麸、玉米粉等物料与一定比例的甘蔗尾梢进行营养搭配。

（2）发酵菌剂选择：根据甘蔗尾梢的营养特性，可选择甘蔗副产物发酵饲料专用复合微生物制剂。

（3）菌种活化：用糖蜜（或白糖、红糖）按 1：10 比例制成糖水，根据饲料原料的量，加入适宜量的微生物制剂，搅拌均匀，放置活化 30 分钟。

（4）原料的混合：将活化后的菌液倒入 2 千克玉米粉中，搅拌均匀，随后均匀地撒于豆粕、米糠、麦麸、糖蜜络合物饲料添加剂和粉碎好的甘蔗尾梢等原料中，混匀，调整水分在 60%~65%。

（5）密闭发酵：将混匀的饲料原料分装到有单向透气阀的发酵饲料专用袋中密闭发酵 35 天。

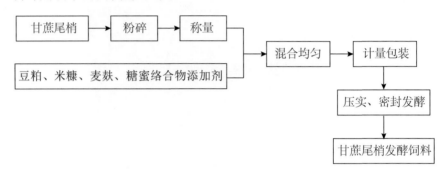

图 3-4　全混合发酵生产甘蔗尾梢发酵饲料流程

2. 全混合发酵生产甘蔗尾梢饲料特点及营养水平

甘蔗尾梢全混合发酵饲料以甘蔗尾梢为主要原料，根据反刍动物营养需求搭配一定量的精料辅料、糖蜜络合物饲料添加剂及专用微生物制剂，经过发酵快速降解甘蔗尾梢中难消化、难利用物质，改善甘蔗尾梢发酵饲料营养水平，提高甘蔗尾梢饲料转化率。发酵产品粗蛋白含量提升，具有酸香味，适口性明显改善。

全混合甘蔗尾梢发酵饲料产品经第三方检测，粗蛋白、粗脂肪、粗纤维、粗灰分、磷（P）、钙（Ca）、黄曲霉毒素 B_1、代谢能、可消化蛋白等指标均符合国家相关标准。具体营养指标见表 3-3。

表 3-3　全混合甘蔗尾梢发酵饲料营养成分

检验项目	检验结果	检验方法
粗蛋白（%）	23.00	GB/T 6432—2018
粗脂肪（%）	1.81	GB/T 6433—2006
粗纤维（%）	18.30	GB/T 6434—2006
粗灰分（%）	7.30	GB/T 6438—2018
磷（P）（%）	0.30	GB/T 6437—2002

检验项目	检验结果	检验方法
钙（Ca）（%）	0.278	GB/T 13885—2017
黄曲霉毒素 B$_1$（毫克/千克）	未检出	GB/T 30955—2014
代谢能（兆卡/千克）	2.95	LS/T 3403—1992
可消化蛋白（%）	20.20	《饲料大全》1994 年版

（二）甘蔗尾梢分级发酵

分级发酵技术也称精粗分级发酵技术，先将玉米粉、豆粕等精饲料原料和糖蜜络合物饲料添加剂混合进行发酵一定时间，得到一级发酵料，再将粉碎好的新鲜甘蔗尾梢与一级发酵料混合，进行第二级厌氧发酵。

1. 分级发酵技术生产甘蔗尾梢发酵饲料工艺流程（图 3-5）

（1）原料选择与配伍：根据饲喂对象营养需求，确定饲料配方，按比例称取豆粕、米糠、麦麸、玉米粉、糖蜜络合物饲料添加剂等物料，混合均匀。

（2）发酵菌剂选择：根据甘蔗尾梢的营养特性，选择甘蔗副产物发酵饲料专用复合饲用微生物制剂作为发酵菌剂。

（3）菌剂活化：用糖蜜（或白糖、红糖）按 1∶10 比例制成糖水，根据发酵原料的量加入适量的微生物制剂，搅拌均匀，放置活化30 分钟。

（4）原料混合：将活化后的菌液倒入 2 千克玉米粉中，搅拌均匀，随后均匀地撒于豆粕、米糠、麦麸、糖蜜络合物饲料添加剂，混匀。

（5）一级发酵：与混合好的精饲料原料装到有单向透气阀的发酵饲料专用袋中，常温下密闭发酵 5 天，得到一级发酵料。

（6）二级发酵：将粉碎好的甘蔗尾梢原料与一级发酵料按配方比例混合均匀，装到有单向透气阀的发酵饲料专用袋中，常温密闭发酵21 天，即得到甘蔗尾梢分级发酵饲料（图 3-6）。

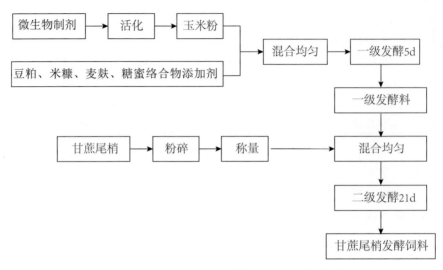

图 3-5　分级发酵生产甘蔗尾梢发酵饲料流程

图 3-6　分级发酵技术生产甘蔗尾梢发酵饲料

2. 甘蔗尾梢分级发酵饲料营养水平

分级发酵技术制备甘蔗尾梢发酵饲料过程中微生物利用原料中糖、纤维素等物质作为能量进行自身生长繁殖，同时产生次生代谢产物，在高效分解因子的作用下，将甘蔗尾梢的粗纤维、木质素，通过生物生化作用，把畜禽不能吸收的高分子碳水化合物转化为可吸收利用的低分子碳水化合物；发酵菌剂中包含的益生菌群能够大量吸取畜禽难以利用的有机氮、无机氮用于生长繁殖，转化为菌体蛋白，提高饲料粗蛋白水平。发酵菌种在发酵过程中产生的蛋白酶、脂肪酶、淀粉酶、纤维素酶等，能降解饲料中复杂的有机物，从而促进消化吸收，提高饲料利用率。通过发酵菌种对甘蔗尾梢进行发酵转化处理，甘蔗尾梢的粗纤维含量比不发酵成倍降低，粗蛋白含量比不发酵成倍提高。添加牛羊反刍胃中取出的胃渣及胃液能让发酵菌种适应牛羊反刍胃的环境，发酵菌种在发酵过程中使发酵原料更接近牛羊反刍胃环境，牛羊吃食后不易产生肠胃不适情况，能够增强食欲，促进肠胃蠕动和分泌的作用。

甘蔗尾梢分级发酵饲料产品送第三方（广西分析测试中心）检测，粗蛋白、粗脂肪、粗纤维、粗灰分、磷（P）、钙（Ca）、黄曲霉毒素 B_1、代谢能、可消化蛋白等指标均符合国家相关标准。具体营养指标见表3-4。

表3-4　甘蔗尾梢分级发酵饲料营养成分

检验项目	检验结果	检验方法
粗蛋白（%）	26.40	GB/T 6432—2018
粗脂肪（%）	1.54	GB/T 6433—2006
粗纤维（%）	19.10	GB/T 6434—2006
粗灰分（%）	7.56	GB/T 6438—2018
磷（P）（%）	0.33	GB/T 6437—2002
钙（Ca）（%）	0.296	GB/T 13885—2017
黄曲霉毒素 B_1（毫克/千克）	未检出	GB/T 30955—2014
代谢能（兆卡/千克）	2.96	LS/T 3403—1992
可消化蛋白（%）	23.20	《饲料大全》1994 年版

二、甘蔗尾梢发酵饲料应用

甘蔗尾梢全混合发酵饲料饲喂肉牛，经饲喂实验证明甘蔗尾梢发酵饲料对育肥牛的生长无不良影响，牛只未出现上火和其他肠胃疾病，精神状况良好，提高了肉牛的养殖效益；用其代替青贮牧草饲喂黑山羊，对羊只的生长无不良影响，黑山羊的增重速度较快，发病率低，羊的精神状况好，羊肉品质好，提高了肉羊养殖的经济效益（图3-7、图3-8）。

图 3-7　甘蔗尾梢发酵饲料产业化生产

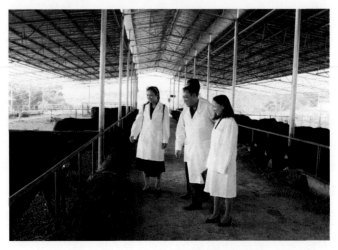

图 3-8　甘蔗尾梢发酵饲料饲喂实验

分级发酵技术使用特定的微生物菌种组合，在一级发酵中豆粕、玉米等精饲料原料提供了大量能量，使益生菌得到大量扩繁，菌体分泌的纤维素酶、淀粉酶等代谢产物快速积累，使得在加入甘蔗尾梢进行二级发酵时能迅速利用底物进行快速增殖，菌体蛋白迅速增加，提高降解粗纤维和抗营养成分的速率，最终使得发酵饲料的粗蛋白含量得到提高的同时降低了粗纤维含量，提高发酵饲料的营养价值，更适合饲喂反刍动物。同时，采用分级发酵技术秸秆发酵速度较快，有效节约饲料仓库贮存空间。

将甘蔗尾梢作为主要原料进行发酵制作反刍动物饲料，用其替代传统青贮牧草是可行的，不但可以保证动物的健康生长，而且可以节约饲料投喂量，降低饲养成本，缩短饲养时间，增重速度快，疫病少，经济效益明显。

第四节　甘蔗渣发酵饲料

随着中国养殖业的迅猛发展，动物饲料的需求量日益增多，对动物饲料的研究也日益深入，发酵饲料已大量用于各类配合饲料的生产中，并取得大量研究成果。发酵饲料营养丰富，适口性好，可促进饲养动物对饲料营养的吸收利用，不同程度地刺激生长和繁殖。

广西有着丰富的甘蔗渣资源，如能将其饲料化利用，不但可以解决人畜争粮的问题，也能为糖厂带来可观的经济收益。因此，甘蔗渣的饲料化利用在反刍动物饲料应用方面具有很大潜力。但是，甘蔗渣含有大量的纤维素、半纤维素、木质素等抗营养成分，直接饲喂动物会引起消化系统损伤和紊乱，另外由于甘蔗渣中粗蛋白含量较低，营养水平低，适口性差，未经处理的甘蔗渣消化率低和能量利用率低，因此必须对甘蔗渣进行适当处理，改变其结构以提高利用率。

利用微生物多菌种混合协同发酵处理甘蔗渣能够将粗纤维、木质素等动物难以消化吸收的高分子碳水化合物转化成为可吸收利用的低分子物质，提高其营养价值、改善适口性，得到可被动物消化利用的、具有较高饲用价值的发酵饲料。

一、甘蔗渣发酵饲料制备工艺

1. 甘蔗渣预处理

甘蔗渣的预处理方法有化学法、物理法、生物法等，粉碎是目前被证明行之有效且环保的处理甘蔗渣的方法。将甘蔗渣粉碎至粒度不超过 5 毫米，备用。

2. 甘蔗渣全混合发酵

全混合发酵技术制备甘蔗渣发酵饲料的工艺流程（图 3-9）与制备甘蔗尾梢发酵饲料相同，但因甘蔗渣与甘蔗尾梢营养成分有差别，在原料选配上，选择可提高饲料整体营养水平的精料原料，同时添加一定量糖蜜以促进发酵的进行和改善饲料适口性。

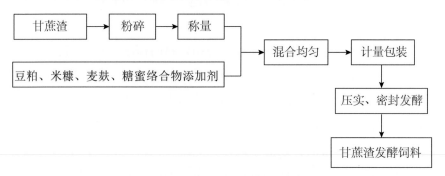

图 3-9 全混合发酵生产甘蔗尾梢发酵饲料流程

（1）原料选择与配伍：根据饲喂对象及其营养特性，确定豆粕、米糠、麦麸、玉米粉、糖蜜络合物饲料添加剂等物料用量以及甘蔗渣的添加比例。

（2）发酵菌剂选择：根据甘蔗渣的营养特性，选择专用的甘蔗副产物发酵饲料复合饲用微生物制剂。

（3）菌剂活化：用糖蜜（或白糖、红糖）按 1 ∶ 10 比例制成糖水，根据发酵原料的量加入适量的饲用微生物制剂，搅拌均匀，放置活化 30 分钟。

（4）原料的混合：将活化后的菌液倒入 2 千克玉米粉中，搅拌均匀，随后均匀地撒于豆粕、米糠、麦麸上，并加入糖蜜和粉碎后的甘蔗渣，混和均匀。

（5）密闭发酵：将混合均匀的饲料原料分装到有单向透气阀的发酵饲料专用袋中，常温下密闭发酵27天即得甘蔗渣发酵饲料。

（6）贮藏：发酵完成后自动形成真空状态，可长期贮存，贮藏期间注意防鼠、防虫，外包装损坏物料霉变应弃用。

3. 甘蔗渣分级发酵

分级发酵技术对提高饲料的粗蛋白含量和降低粗纤维含量较全混合发酵技术有优势，针对甘蔗渣高纤维、低蛋白、糖分高、不耐贮藏等特性，选用分级发酵技术更适合甘蔗渣发酵饲料的制备（图3-10）。

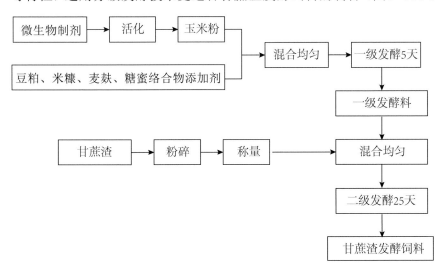

图 3-10 甘蔗渣分级发酵饲料工艺流程

（1）原料选择与配伍：根据饲喂对象及其营养特性，选择豆粕、米糠、麦麸、玉米粉和糖蜜等物料，确定其比例，混合均匀。

（2）发酵菌剂选择：根据甘蔗渣高纤维的特点，选择甘蔗副产物发酵饲料专用复合饲用微生物制剂。

（3）菌剂活化：用糖蜜（或白糖、红糖）按1∶10比例制成糖水，根据发酵原料的量加入适量饲用微生物制剂，搅拌均匀，放置活化 30 分钟。

（4）原料的混合：将活化后的菌液倒入 2 千克玉米粉中，搅拌均匀，采用 TMR 日粮机将菌种与豆粕、米糠、麦麸、糖蜜络合物饲料添加剂等原料混匀，调整水分至 55%～60%。

（5）一级发酵：将混合好的原料装到有单向透气阀的发酵饲料专用袋中，密闭发酵 5 天，得到一级发酵料。

（6）二级发酵：将粉碎好的甘蔗渣与一级发酵料按比例混合均匀，密闭发酵 25 天，即得到甘蔗渣发酵饲料。

（7）贮藏：发酵完成后自动形成真空状态，可长期贮存，贮藏期间注意防鼠、防虫，外包装损坏物料霉变应弃用。

二、甘蔗渣发酵饲料营养成分及应用

以甘蔗渣为主要原料，加以糖蜜、玉米粉、豆粕、麦麸、米糠等辅料，发酵制备成的适合肉牛食用的发酵饲料，实现了甘蔗渣低成本、无二次污染的综合利用。甘蔗渣经发酵之后可以有效改变其结构，降低粗纤维含量，提高肉牛对其的利用率，同时也能够促进微生物菌体降解和利用蔗渣的效率，加工成饲料后其营养价值高，加入的玉米粉、豆粕等提高了饲料的整体营养水平，饲料适口性好。发酵甘蔗渣使用的复合微生物制剂发酵效率高、速度快，能够缩短饲料的发酵时间，所制得的发酵饲料营养更加全面，饲料转化率高，且在发酵过程中，通过微生物及其产生的多种生理代谢物质，可以有效灭杀病原菌，对原料中的一些有害物质进行降解和无害化处理，避免抗生素的使用，安全环保。

采用分级发酵制备的甘蔗渣发酵饲料营养成分见表 3-5。

表 3-5　甘蔗渣分级发酵饲料营养成分

检验项目	检验结果	检验方法
蛋白质（%）	20.10	GB/T 6432—2018
活菌数（菌落数/克）	$0.383×10^{10}$	GB/T 13093—2006

（续表）

检验项目	检验结果	检验方法
水分（%）	65.34	GB/T 6435—2006
pH 值	3.71	GB/T 6438—2018
中性洗涤纤维（%）	38.81	GB/T 20806—2006
酸性洗涤纤维（%）	3.42	GB/T 20805—2006
粗脂肪（%）	9.89	GB/T 6433—2006
粗灰分（%）	10.65	GB/T 6438—2018

　　甘蔗渣含有大量的纤维素、半纤维素和木质素，粗蛋白和可溶性还原糖含量极少，不易被动物直接消化吸收。因此生产甘蔗渣发酵饲料的关键是降解纤维素和提高粗蛋白、还原糖、氨基酸等营养物质。

　　甘蔗渣发酵饲料通过添加适量的豆粕、麦麸、玉米粉等精料原料，可适当改善发酵饲料的营养水平。采用甘蔗副产物发酵饲料专用复合微生物制剂生产甘蔗渣发酵饲料（图 3-11），可以降解甘蔗渣的纤维素，同时微生物可利用蔗渣的降解产物，合成菌体蛋白、氨基酸等营养物质，从而实现甘蔗渣的降解和饲料产品营养水平的协调统一。

图 3-11　甘蔗渣发酵饲料

　　利用微生物发酵技术制备甘蔗渣发酵饲料，用其替代青贮玉米饲喂肉牛，可以达到理想的日增重效果，保证肉牛的健康生长，降低饲养成本，提高养殖效益。

第五节　全混合发酵技术与分级发酵技术比较

将全混合发酵与分级发酵两种发酵方式进行对比，相同情况下，甘蔗尾梢分级发酵后粗蛋白含量较全混合发酵提高 15.04％，粗纤维含量降低了 9.56％；分级发酵方式粗脂肪含量比全混合发酵方式略高，粗灰分含量比全混合发酵模式较低，但两者差异不显著。豆粕、玉米等精饲料原料在发酵中提供了大量能量，益生菌经一级发酵得到大量扩繁，在加入新底物进行二级发酵时能利用底物营养进行快速增殖，在相同时间内菌体蛋白的增加速率比全混合发酵快速，所以饲料整体粗蛋白提高较快；菌体繁殖分泌的纤维素酶、淀粉酶等代谢产物快速累积，相同时间内对抗营养成分的降解比全混合发酵高效迅速，因此相同时间内分级发酵在粗纤维降解能力上较全混合发酵有优势。粗蛋白和粗纤维含量的差异性体现了 2 种发酵方式的优劣，分级发酵对提高甘蔗尾梢发酵饲料营养品质更有效（图 3-12）。

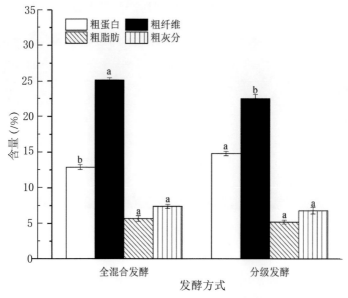

图 3-12　全混合发酵与分级发酵对甘蔗尾梢发酵饲料品质的影响

第六节　甘蔗发酵饲料制备过程品控要点

一、原料的选择

所有原料需符合《饲料原料目录》规定的范围内；所有原料的卫生指标必须符合《饲料卫生标准》GB 13078—2017 的要求，根据不同产品配方，卫生指标的设定需要考虑国家对相关产品的卫生指标限制值；原料的外观指标应当保持相对稳定、严控霉变和污染。

二、菌剂的选用

发酵用菌种需要符合《饲料添加剂目录》的要求，确保生物安全和有效浓度。

三、发酵设备的选用

在发酵饲料的生产工艺过程中，如何使菌剂均匀高效地与豆粕、米糠等物料均匀混合，实现微颗粒全包覆，保证前期物料高效均匀混合，是整个工艺必要条件。选择能使饲用微生物制剂与固态物料均匀混合的设备很重要，建议使用 TMR 日粮机进行混合，常见的 TMR 日粮搅拌机如图 3-13、图 3-14 所示。采用自动化配料系统要确保配料的精度以及菌剂添加准确性等。

图 3-13　立式双轴、立式单轴 TMR 搅拌机

图 3-13　立式双轴、立式单轴 TMR 搅拌机（续）

图 3-14　卧式双轴、卧式单轴 TMR 搅拌机

图 3-14　卧式双轴、卧式单轴 TMR 搅拌机（续）

四、设备清洗消毒

在启动生产计划前要对设备进行清洗、消毒。发酵器皿、发酵池、发酵槽等设备要定期清洗、消毒，以免杂菌感染。

第四章　甘蔗尾梢颗粒饲料

第一节　甘蔗尾梢干燥处理及贮藏

饲料原料的品质直接决定颗粒饲料产品的质量，新鲜甘蔗尾梢的水分含量75％以上，不耐贮藏，糖分较高，刀口极易发红霉变，不利于颗粒饲料的制备。甘蔗尾梢在进行饲料制备或作为饲料原料进行贮藏前，必须先对其进行干燥处理，降低水分含量，以避免营养物质的流失及微生物污染。

一、甘蔗尾梢干燥工艺技术

甘蔗尾梢每年的采收期在11月底至翌年2月，时间短，产量大，要在3个月的时间内对全年的原料进行储备，加工难度可想而知。新采收的甘蔗尾梢水分含量、糖分均较高，极易发生变质，故此有必要对其进行快速干燥。张娥珍团队经过多年研究，攻克了甘蔗尾梢快速干燥工艺技术难题，在1～2分钟使甘蔗尾梢水分含量迅速降低达到干燥贮藏条件，较大程度地保留其营养成分，避免过多流失，具体干燥工艺技术流程如下图4-1所示。

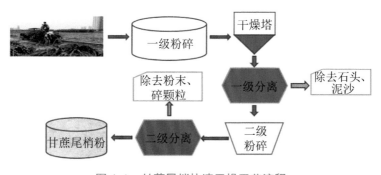

图4-1　甘蔗尾梢快速干燥工艺流程

水分含量对饲料的贮藏效果影响很大，对维生素、脂类氧化、霉变等都有显著的影响。正常情况饲草原料水分含量在低于20％时，可有效防止饲草原料发酵及抑制大部分微生物和昆虫的产生。含水量较低的甘蔗尾梢较好的降低了水分、粗脂肪、可溶性糖、维生素C的损失速度，有效抑制了菌落总数、霉菌总数的增长。

甘蔗尾梢的干燥方式应具备快速干燥并且能最大程度地保留其色泽、特有的清香味和营养成分等特点。针对甘蔗尾梢水分大、糖分高、极易变质等问题，本团队研发了可快速粉碎和干燥甘蔗尾梢的专利设备。设备原理是采用两级粉碎和两级分离工序，在1～2分钟实现甘蔗尾梢的快速干燥，水分含量降低至15％以下，干制品保持了甘蔗尾梢原有的青绿色和清香味，解决了甘蔗尾梢易变质、不耐贮藏的难题。

甘蔗尾梢快速干燥设备包括热风炉、主鼓风机、次鼓风机、干燥塔、一级旋风分离器、一级粉碎机、二级粉碎机、二级旋风分离器和杂质收集装置。甘蔗尾梢原料送入一级粉碎机粉碎揉丝后通过绞龙输送机送至进料口，同时热风炉产生热风通过主鼓风机加压加速后进入干燥塔，高速热风在干燥塔内对进料口进来的甘蔗尾梢进行循环烘干，干燥好的甘蔗尾梢通过次鼓风机送入一级旋风分离器，在一级旋风分离器分离出大颗粒杂质后，甘蔗尾梢干制品从一级旋风分离器的出料口出料，通过二级绞龙输送机输送至二级粉碎机进行二次粉碎，粉碎后的甘蔗尾梢粉末送入二级旋风分离器，经过二次旋风分离器筛选后的甘蔗尾梢粉末直接袋装成品（图4-2、图4-3）。

甘蔗尾梢营养丰富，用作牛羊等反刍动物饲料制备非常合适，但是甘蔗采收期较为集中，目前能利用起来的只有一小部分，仍有大量被遗弃在田间，造成资源浪费，对其焚烧又会造成环境污染，因此急需加大甘蔗尾梢饲料化利用开发力度。本团队研究的两级粉碎、两级分离甘蔗尾梢快速干燥设备已实现甘蔗尾梢的快速干燥，目前已进入中试生产，下一步将对其扩大化推广应用，以实现广西甘蔗尾梢的高效利用（图4-4）。

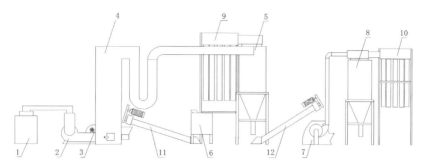

（1- 热风炉；2- 主鼓风机；3- 次鼓风机；4- 干燥塔；5- 一级旋风分离器；6- 一级粉碎机；7- 二级粉碎机；8- 二级旋风分离器；9- 一级杂质收集装置；10- 二级杂质收集装置；11- 进料绞龙输送机；12- 二级绞龙输送机）

图 4-2　甘蔗尾梢快速干燥设备原理

图 4-3　甘蔗尾梢快速干燥设备实物

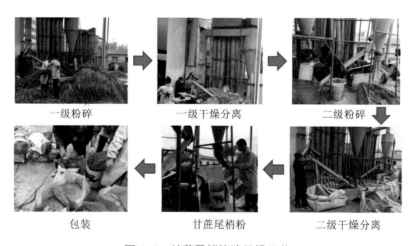

图 4-4　甘蔗尾梢快速干燥工艺

甘蔗尾梢快速干燥设备优点。

（1）采用两级粉碎和两级分离工序，解决传统甘蔗尾梢含水量较高，粉碎后黏性大，烘干时间长，干燥效果差的问题，使得甘蔗尾梢粉碎彻底、干燥效果好、干燥时间更短、产量更高，干燥完成的甘蔗尾梢含水量在15％以下。

（2）本设备采用的无轴绞龙输送机，解决了有轴绞龙输送机运送甘蔗尾梢粉末时，固体粉末极易堆积在轴承中引起堵塞、停机的问题，保证了设备的长期稳定运行，降低设备维护和损坏频率，提高经济效益。

（3）设有配电控制柜，通过对进料速度和鼓风风速的调节实现对甘蔗尾梢干燥时间和干燥程度的控制，并对进料绞龙输送机的转数进行检测，形成闭环控制系统。

二、甘蔗尾梢干制品贮藏

甘蔗尾梢含水量在70％～80％，极易腐烂变质，且甘蔗尾梢体积大，不易贮藏，需进行青贮、微贮或制成干制品。每年11月至翌年2月是甘蔗尾梢的集中收获期，收集甘蔗尾梢进行干燥处理后贮藏，可供周年饲料生产。

在甘蔗尾梢原料贮藏过程中，导致甘蔗尾梢恶化变质的因素很多，综合分析可包括甘蔗尾梢水分含量、贮藏温度、异物杂物、昆虫和霉菌等因素。贮藏甘蔗尾梢原料必须严格限制甘蔗尾梢的水分含量。在贮藏前需通过自然干燥或人工干燥方式处理，使水分含量达到贮藏要求。在高湿地区，甘蔗尾梢原料在自然条件下干燥很难达到贮藏水分要求，因此需要采用人工干燥措施降低水分含量，以满足原料长期贮藏的需要。无论是袋装还是仓储原料，都必须限定贮藏时间，避免环境对贮藏原料带来的损害。

原料清洁度差、湿度高时容易产生大量热量和水分，从而引发原料自身品质的严重破坏。将甘蔗尾梢原料进行贮藏前，需进行干燥和弃杂质处理，贮藏中必要时可采取辅助降温措施。

昆虫和霉菌是甘蔗尾梢原料贮藏过程中产生的主要危害，一旦有适宜的温度和湿度，原料中的昆虫和霉菌将结束休眠状态开始生长繁衍，它们的代谢活动加速产热并产生系列相关问题，产生热破坏位点，甚至可能导致原料燃烧。

在甘蔗尾梢贮藏前，利用甘蔗尾梢快速干燥设备进行干燥处理，可将甘蔗尾梢含水量降至15％以下，并可清除甘蔗尾梢中夹杂的异物杂质，热风的温度可灭除昆虫和霉菌，使甘蔗尾梢原料干燥和清洁，有利于贮藏。

第二节　甘蔗尾梢颗粒饲料制备 技术及影响因素

制粒技术是饲料生产中常用的技术，制粒能让饲料的各个组分均匀搭配，避免动物挑食，制粒对原料进行了压缩，使其成为质地密实的颗粒，贮存、运输、饲喂使用比较方便，饲料制成颗粒后，减少了饲料的散失，避免饲料的浪费。有报道称，影响颗粒饲料质量的因素之间存在一定的比例关系，其中饲料配方40％、粉碎粒度20％、调质20％、环模规格15％、冷却干燥5％，可见饲料原料对颗粒饲料的质量有很大的影响。

甘蔗尾梢通过与豆粕、玉米粉等精料合理搭配达到正组合效应，并采用颗粒化技术，克服甘蔗尾梢质地粗硬、适口性差、营养价值低、利用率低的缺点，提高甘蔗尾梢饲料利用价值。

一、甘蔗尾梢颗粒饲料制备工艺

甘蔗尾梢颗粒饲料的工艺流程：配方配料→粉碎→混合→调质→制粒→冷却→筛分→包装。

　　根据配方精确调取甘蔗尾梢干粉、玉米粉、豆粕、麦麸、复合维生素和微量元素等原料，通过装配有一定孔径（2毫米）的粉碎机进行粉碎后进入混合机，通入蒸汽进行调质，混合均匀，用饲料制粒机（环模机或平模机均可）制粒，冷却器冷却至室温，分级筛对颗粒料进行筛分，合格成品进行计量包装即得到甘蔗尾梢颗粒饲料（图4-5、图4-6）。

图4-5　甘蔗尾梢颗粒饲料小规模生产

图4-6　甘蔗尾梢颗粒饲料工厂化生产

工艺参数。甘蔗尾梢颗粒饲料与常规精饲料不同，常规精饲料一样含豆粕、玉米粉、麦麸、米糠等饲料原料，甘蔗尾梢颗粒饲料在精饲料基础上增加了秸秆用量，饲料整体粗纤维含量提高，对颗粒料的成型有一定的影响。根据试验结果，加工甘蔗尾梢颗粒饲料比较理想的制粒参数为：甘蔗尾梢水分含量≤15%，制粒机为环模制粒机，牛饲料环模孔径为10～12毫米，羊饲料环模孔径为4～6毫米，环模厚度40.0毫米，压模压缩比（模孔长度/模孔直径，l/d）8.0，调制器蒸汽压力为0.40兆帕，温度为80～90℃，混合时间为2～5分钟，均匀度≥95%。粉碎粒度除受粉碎机筛片影响外，还受粉碎机转速、原料含水量等因素的影响，因此，在具体生产中，应根据实际情况适当调整。如果原料含水量较低，则可以选用较大孔径筛片，这对于提高粉碎效率、节省电能、降低成本有一定的积极作用（图4-7）。

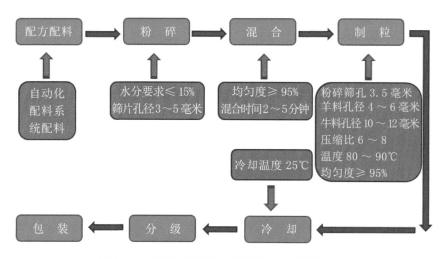

图4-7　甘蔗尾梢颗粒饲料制粒工艺流程及参数

二、甘蔗尾梢颗粒饲料制粒效果影响因素

1. 产品配方

（1）粗纤维：原料中含有适量的纤维素，对饲料具有一定的黏结

作用，有利于制粒。但原料中纤维素过高也不利于制粒，会引起颗粒碎裂，压不紧，表面粗糙，增加粉化率，降低制粒效率，且纤维素的吸水性能差，影响水、热调节作用。

甘蔗尾梢的粗纤维含量高，在制粒过程中物料的流动性差，不易挤压通过模孔而成形，制粒相对困难，必须针对其特性采取相应措施，才能有效控制制粒后的颗粒质量。

甘蔗尾梢颗粒饲料根据不同时期牛羊的不同营养需求，设置不同的甘蔗尾梢添加比例，饲料成品中所含粗纤维含量适中，易于造粒，同时通过添加一定量的糖蜜络合物饲料添加剂也有利于物料的黏结和脱模，使颗粒饲料表面光滑有亮泽。

（2）蛋白质：蛋白质在受热条件下具有较好的可塑性，冷却后颗粒坚硬，成型较好。甘蔗尾梢粗蛋白含量为 6% ~ 8%，通常在设计产品的时候会根据饲喂对象营养需求合理搭配精饲料以达到一定的蛋白水平，研究表明，适当提高粗蛋白含量有助于颗粒饲料的成型。

（3）粗脂肪：脂肪在颗粒饲料的制粒过程中能起到润滑作用，粗脂肪的来源主要是配方中各个原料的粗脂肪含量，甘蔗尾梢粗脂肪含量为 3.5% ~ 6%，配合油糠、麦麸等原料后，粗脂肪含量为 2.8% ~ 3.6%，适合造粒，颗粒表面光滑有亮泽。颗粒饲料中粗脂肪含量不宜过高，过高的脂肪会使颗粒饲料的黏结度不够，粉化率上升。

2. 粉碎程度

粉碎是影响制粒的一个重要因素，物料粉碎会破坏粗饲料中粗纤维的晶体结构，削弱纤维素、半纤维素和木质素之间的结合力。粉碎程度大小决定物料组成的表面积，粒度细表面积大，在物料中加蒸汽或水时，物料吸收均匀、快速，有利于物料的制粒。此外，一定的粉碎力度有助于配方中各种原料的混合，对原料的均匀度有一定的提高作用，保证颗粒饲料的营养均衡。粉碎程度并非越细越好，不仅能耗高且不利于反刍动物咀嚼、反刍，同时缩短粗饲料在胃中的停留时间，不利于粗饲料的消化吸收。粉碎程度较大时，会使粒料出现断裂点，增加颗粒饲料粉化率。

3. 调质和水分

反刍动物的饲料一般粗纤维含量较高，而蛋白和淀粉含量相对较低，因此颗粒饲料的结构和强度靠调质技术，一般采用蒸汽进行调质，使原料软化，同时使玉米粉、豆粕等原料糊化，以提高饲料的制粒性能。在生产高纤维含量的反刍动物饲料时，调质时通入的蒸汽量及调质后物料温度都要稍微低一些。

调质过程中原料水分含量是影响制粒效果的重要因素。原料水分含量高，制粒时物料易打滑，堵塞环模，加工的颗粒饲料成形率低，容易霉变；原料水分含量低，挤压阻力大，产量低，能耗高，加工的颗粒饲料硬度大，不利于动物采食和消化。原料含水量会影响粉碎粒度、调制质量从而影响颗粒饲料质量。

第三节 甘蔗尾梢颗粒饲料营养水平及贮藏要点

一、甘蔗尾梢肉牛、肉羊颗粒饲料营养水平

根据育肥牛和育肥羊生长期生理特点和营养需求，确定了甘蔗尾梢肉牛颗粒饲料和甘蔗尾梢肉羊颗粒饲料的配方，通过干燥和制粒形成颗粒饲料后，甘蔗尾梢肉牛颗粒饲料和甘蔗尾梢肉羊颗粒饲料营养成分见表4-1、表4-2。

表 4-1 甘蔗尾梢肉牛颗粒饲料营养水平

检测项目	检验结果	检验方法	检测项目	检验结果	检验方法
氯化钠（%）	1.38	GB/T 6439—2007	能量（兆卡/千克）	2.76	LS/T 3403—1992
粗蛋白（%）	15	GB/T 6432—2018	维生素 C（毫克/100 克）	5.4	GB/T 5009.159—2003
粗脂肪（%）	3.49	GB/T 6433—2006	淀粉	40.7	GB/T 5009.9—2008
粗纤维（%）	7.83	GB/T 6434—2006	霉菌总数（菌落数/克）	60	GB/T 13092—2006
粗灰分（%）	7.2	GB/T 6438—2007	细菌总数（菌落数/克）	3.6×10^5	GB/T 13093—2006
磷（P）（%）	0.55	GB/T 6437—2018	中性洗涤纤维素	27.5	GB/T 20806—2006
钙（Ca）（%）	0.8	GB/T 13885—2018	木质纤维素	1.74	GB/T 20805—2006
黄曲霉毒素 B_1（微克/千克）	< 1.0	GB/T 8381—2008	酸性洗涤纤维素	10.2	GB/T 20805—2006
硫（S）（%）	0.17	GB/T 17776—2016	蛋白态氮	2.4	GB/T 6432—1994
镁（Mg）（%）	0.2	GB/T 13885—2017	非蛋白态氮	0.4	GB/T 6432—1994

表 4-2 甘蔗尾梢肉羊颗粒饲料营养水平

检测项目	检验结果	检验方法	检测项目	检验结果	检验方法
氯化钠（%）	1.37	GB/T 6439—2007	能量（兆卡/千克）	2.75	LS/T 3403—1992
粗蛋白（%）	15	GB/T 6432—2018	维生素 C（毫克/100 克）	5.5	GB/T 5009.159—2003
粗脂肪（%）	3.2	GB/T 6433—2006	淀粉	40.8	GB/T 5009.9—2008
粗纤维（%）	7.92	GB/T 6434—2006	中性洗涤纤维素	29.1	GB/T 20806—2006
粗灰分（%）	7.15	GB/T 6438—2007	木质纤维素	1.84	GB/T 20805—2006
磷（P）（%）	0.53	GB/T 6437—2018	酸性洗涤纤维素	10.2	GB/T 20805—2006
钙（Ca）（%）	0.8	GB/T 13885—2018	蛋白态氮	2.4	GB/T 6432—1994
黄曲霉毒素 B_1（微克/千克）	< 1.0	GB/T 8381—2008	非蛋白态氮	0.36	GB/T 6432—1994
霉菌总数（菌落数/克）	40	GB/T 13092—2006	水分	11.8	GB/T 6435—2014
细菌总数（菌落数/克）	4.6×10^5	GB/T 13093—2006			

二、甘蔗尾梢颗粒饲料特点

甘蔗尾梢颗粒饲料密度高、体积小，有利于长途运输和贮藏，实现了甘蔗尾梢异地消化利用；颗粒饲料经高温熟化、糊化后适口性好；甘蔗尾梢颗粒饲料有甘蔗的清香味，对牛羊有诱食作用；解决了甘蔗尾梢粗纤维含量高、消化率低、营养不全及普通颗粒饲料纤维含量不足，进食过量而导致消化不良的缺陷；提高反刍动物采食率，减少饲料的浪费，降低饲养成本（图4-8）。

图4-8 甘蔗尾梢颗粒饲料

三、甘蔗尾梢颗粒饲料贮藏要求

1. 通风干燥环境贮藏

饲料在贮藏过程中的高温、高湿环境，是引起饲料发热霉变的主要原因。因为高温、高湿不仅可以激发脂肪酶、淀粉酶、蛋白酶等水解酶的活性，加快饲料中营养成分的分解速度，同时还能促进微生物、储粮害虫等有害生物的繁殖和生长，散发大量的湿热，导致饲料发热霉变。甘蔗尾梢颗粒饲料不能直接堆放在水泥地上或紧靠水泥墙，要放在木制货架上，堆放饲料时应离墙一定距离，饲料堆间应保持一定间距，堆包不能过大。贮存饲料不宜堆得太高，一般不超过5包，以保证空气流畅，温度和湿度恒定。要避免阳光直射，导致昼夜温度变化大引起饲料变质。温度会影响化学反应的速率和生物活性，化学反应和生物活性还与饲料中酶的活性有关，温度高则酶化作用强，所以尽可能降低甘蔗尾梢颗粒饲料贮藏环境的温度，最高不宜超过28℃，高温季节必要时应采用风机通风降温，以防饲料发霉、变质。

2. 防霉治菌，避免变质

受霉菌污染的饲料不仅消耗、分解饲料中的营养物质，使饲料质量下降，而且畜禽食用后会引起腹泻、肠炎而出现消化能力降低、淋巴功能下降等症状，严重的可造成死亡，因此应十分重视饲料的防霉治菌问题。饲料经粉碎或颗粒化加工过程中，都会感染一些致病菌如沙门氏菌和大肠杆菌等，紫外线辐射饲料可达到灭菌效果，可长期贮藏而不变质，也可在饲料中使用防霉剂，但要注意剂量，剂量过高不仅会影响饲料原有的味道和适口性，还会引起动物急、慢性中毒和药物超限量残留。

3. 防虫防鼠

饲料中害虫适宜生长温度一般为26～27℃，相对湿度10%～50%，环境温度低于17℃时，其繁殖即受到影响。在适宜温度和湿度下，害虫可迅速大量繁殖，消耗饲料和氧气，产生二氧化碳和水，同时放出热量。在害虫集中区域温度可达 45℃，所产生的水气凝集于饲料表层，而使饲料结块、生霉，导致饲料严重变质。鼠害是对饲料安全危害性较大的一种损害，可破坏仓房，传染病菌，污染饲料。为避免虫害和鼠害，在贮藏饲料前，应彻底清理仓库内壁、夹缝及死角，堵塞墙角漏洞，并进行密封熏蒸处理，以减少虫害和鼠害。贮藏过程中应定时检查，出现虫害、鼠害应及时处置，受污染的饲料应及时清理，禁止用于饲喂。

四、贮藏时间对甘蔗尾梢颗粒饲料品质的影响

1. 贮藏时间对甘蔗尾梢颗粒饲料水分含量的影响

饲料的含水量对饲料的安全贮藏有着特别重要的意义，是饲料安全贮存的重要指标（图4-9）。为了达到贮藏要求，精饲料水分含量要求低于12％，贮藏期间由于贮藏环境和饲料本身携带微生物活动的影响，甘蔗尾梢颗粒饲料整体水分含量在出厂后30天内基本维持不变，但贮藏30天后水分含量有上升趋势，其中甘蔗尾梢肉牛颗粒饲料水分含量上升幅度较大，因此甘蔗尾梢颗粒饲料存放的仓库要做好通风，保持干燥，严防受潮。

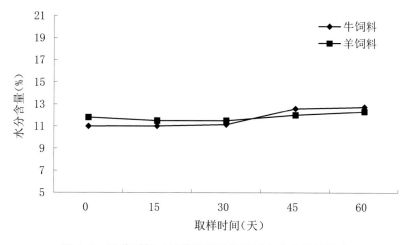

图4-9　贮藏时间对甘蔗尾梢颗粒饲料水分含量的影响

2. 贮藏时间对甘蔗尾梢颗粒饲料粗脂肪含量的影响

脂肪是体细胞的组成成分，也是脂溶性维生素的携带者，脂溶性维生素 A、维生素 D、维生素 E、维生素 K 必须以脂肪为溶剂在体内运输，若日粮中缺乏粗脂肪时，则影响维生素的吸收和利用，容易导致动物脂溶性维生素缺乏症。脂肪容易受光、热和水分等条件的影响易发生氧化产生酮类或醛类化合物，也就是我们常说的饲料酸败。另外，贮存期间产生的微生物代谢产生脂肪酶，从而分解脂肪，造成饲料中粗脂肪含量的降低（图 4-10）。饲料的脂肪酸败后会降低饲料的营养价值，同时酸败过程中产生难闻的味道，降低饲料的适口性。贮藏期间，甘蔗尾梢颗粒饲料粗脂肪含量呈逐步下降，因此在产品包装时要尽量排除包装袋中的气体，贮藏时要尽量避光，避免阳光直晒。

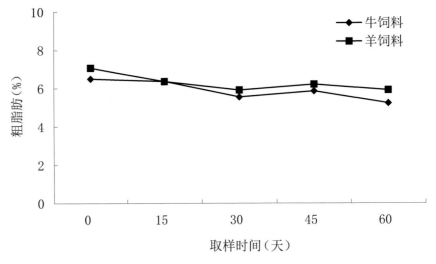

图 4-10　贮藏时间对甘蔗尾梢颗粒饲料粗脂肪含量的影响

3. 贮藏时间对甘蔗尾梢颗粒饲料粗蛋白含量的影响

粗蛋白是饲料营养水平的重要指标，蛋白质是构成动物机体各项组织和细胞的基础物质，是构成生命活动所需的各种酶、激素、核酸等物质的基本成分。饲料中的粗蛋白在进入动物体后经瘤胃消化分解成为肽类、氨基酸等物质被动物体消化吸收，粗蛋白为动物的生长提供能量，一旦饲料中蛋白质含量不够，动物生长发育就会受阻，体型消瘦，食欲不振，严重的可能会引起代谢紊乱、贫血等症状。随着贮存时间的延长甘蔗尾梢肉牛肉羊颗粒饲料的粗蛋白含量基本不变，且粗蛋白含量整体相差不大。肉牛饲料的粗蛋白含量为14.3%～15.00%，肉羊饲料的粗蛋白含量为15.00%～15.40%（图4-11）。

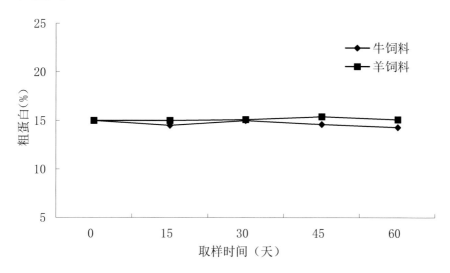

图 4-11　贮藏时间对甘蔗尾梢颗粒饲料粗蛋白含量的影响

4. 贮藏时间对甘蔗尾梢颗粒饲料矿物质含量的影响

钙、磷是动物体内含量最多的矿物元素，主要存在于牙齿、骨骼中，也有少量存在于体组织、血液中。钙、磷对于骨骼的正常生长、维持神经细胞的兴奋性具有重要作用。贮存过程中甘蔗尾梢肉牛、肉羊颗粒饲料中矿物质含量的变化不明显，含量相差不大。牛饲料的钙含量保持在0.78%～0.82%，磷含量保持在0.60%～0.66%；羊饲料的钙含量保持在0.83%～0.88%，磷含量保持在0.54%～0.62%（表4-3）。

表 4-3　贮藏期间饲料矿物质含量变化规律

检测项目	样品	0 天	15 天	30 天	45 天	60 天
钙含量（%）	牛饲料	0.81	0.78	0.81	0.82	0.82
	羊饲料	0.88	0.83	0.85	0.85	0.86
磷含量（%）	牛饲料	0.62	0.60	0.63	0.64	0.66
	羊饲料	0.62	0.54	0.62	0.56	0.60

5. 贮藏过程中甘蔗尾梢颗粒饲料中微生物生长情况

霉菌总数是反映饲料霉变程度的主要客观指标之一，当饲料的温度、水分含量适合时，饲料中的霉菌在其对数期和稳定期内会大量的繁殖和生长，产生大量毒素，恶化原料品质。随着贮存时间的延长，甘蔗尾梢颗粒饲料菌落总数与霉菌总数均呈上升趋势，菌落总数增长趋势大于霉菌总数。从菌落总数上看，肉牛颗粒饲料菌落总数从贮藏初期 6.55×10^4 菌落数／克增长至 1.79×10^6 菌落数／克，肉羊颗粒饲料菌落总数从贮藏初期 5.30×10^4 菌落数／克增长至 6.25×10^5 菌落数／克，根据我国《饲料卫生标准》（GB 13078—2017）中菌落总数的规定，甘蔗尾梢肉牛、肉羊颗粒饲料在储存 60 天内菌落总数均未超标；从霉菌总数生长情况上看，肉牛颗粒饲料从贮藏初期 1.40×10^2 菌落数／克增长至 2.15×10^3 菌落数／克，肉羊颗粒饲料从贮藏初期 3.00×10^2 菌落数／克增长至 4.05×10^3 菌落数／克，参考我国《饲料卫生标准》（GB 13078—2017）中霉菌总数的规定，甘蔗尾梢肉牛、肉羊饲料在储存 60 天内均未超标（表 4-4）。

表 4-4　贮藏期间牛、羊饲料菌落总数与霉菌总数含量变化规律

检测项目	样品	0 天	15 天	30 天	45 天	60 天
菌落总数（菌落数／克）	牛饲料	6.55×10^4	8.85×10^4	1.58×10^5	8.95×10^4	1.75×10^6
	羊饲料	5.30×10^4	4.15×10^4	4.05×10^5	4.55×10^5	6.25×10^5
霉菌总数（菌落数／克）	牛饲料	1.40×10^2	7.55×10^2	1.05×10^3	1.80×10^3	2.15×10^3
	羊饲料	3.00×10^2	1.75×10^3	1.65×10^3	2.72×10^3	4.05×10^3

数据显示，在贮存过程中，水分含量、菌落总数与霉菌总数呈上升趋势，但菌落总数和霉菌总数均未超标，粗脂肪呈下降趋势，贮存时间对粗蛋白、钙、磷等影响不大，在60天的贮存时间内，甘蔗尾梢肉牛、肉羊颗粒饲料的各品质指标均正常。

第四节　甘蔗尾梢颗粒饲料应用效果

颗粒饲料能使反刍动物更有效地消化和吸收饲料营养，显著改善饲料适口性，有效防止牛羊挑食，以甘蔗尾梢为主要原料辅以其他配料制粒而成的甘蔗尾梢颗粒饲料，具有典型的甘蔗叶清香味，营养均衡，大大改善了饲料适口性（图4-12至图4-14）。

图4-12　甘蔗尾梢颗粒饲料应用

图 4-13　甘蔗尾梢颗粒饲料应用

图 4-14　甘蔗尾梢颗粒饲料应用

　　表 4-5 实验结果显示，甘蔗尾梢颗粒饲料对育肥牛的日增重提高 33.3%，料重比降低 26.72%；育肥羊日增重提高 55.55%，料重比降低 32.96%。从饲喂实验看出，甘蔗尾梢颗粒饲料对育肥牛、羊生长无不良影响。牛、羊无异常症状、精神状况良好；从体型及毛色观察，牛、羊体型丰满、皮毛光亮。说明甘蔗尾梢颗粒饲料可使育肥牛、羊生长发育快，日增重和饲料转化率高（图 4-15、图 4-16）。

表 4-5　甘蔗尾梢颗粒饲料对肉牛、羊生长性能的影响

项目		初重（千克）	末重（千克）	平均日增重（千克）	平均日采食量（千克）	料重比
肉牛	对照组	218±31.11a	282.5±36.28b	1.08±0.19b	4.08±0.11a	3.93±0.87a
	试验组	214.5±15.89a	301±24.24a	1.44±0.32a	3.96±0.17a	2.88±0.69b
肉羊	对照组	24.60±2.81c	29.98±3.05d	0.090±0.0089d	0.48±0.061c	5.40±0.55c
	试验组	24.80±2.64c	33.20±2.31c	0.14±0.016c	0.50±0.055c	3.62±0.47d

图 4-15　甘蔗尾梢颗粒饲料肉羊饲喂效果

图 4-16　甘蔗尾梢颗粒饲料肉牛饲喂效果

第五章　甘蔗副产物饲料饲喂搭配

不同饲料组成的日粮组合饲喂反刍动物，日粮的表观消化率并不等于组成该日粮的各种饲料的表观消化率的加权平均数，具有一定的组合效应。日粮组合效应的实质是来自不同饲料的营养物质、非营养物质以及抗营养物质之间相互作用的整体效应，负组合效应会降低有效代谢能，正组合效应可以提高粗饲料的消化率和采食量。日粮组合效应对反刍动物的营养吸收影响很大：如果饲料组合合理，则会产生正组合效应，提高反刍动物对饲料的利用率；如果饲料组合不当，则会降低其利用率，造成不必要的浪费。

甘蔗副产物饲料化利用技术充分利用甘蔗生产中糖蜜、甘蔗尾梢、甘蔗渣等副产品作为原料，利用微生物发酵结合饲料工业化生产技术生产甘蔗尾梢颗粒饲料，可以改变适口性，提高甘蔗尾梢饲料营养价值，实现甘蔗副产物可利用率提高30％以上。通过对甘蔗副产物饲料化技术的研究，研发出甘蔗尾梢牛羊颗粒饲料、甘蔗尾梢／甘蔗渣全混合发酵饲料、甘蔗尾梢／甘蔗渣分级发酵饲料等饲料产品，通过动物对饲料的采食量、生产性能、饲料消化率和利用率，评定饲料的组合效应，形成了适合牛羊等反刍动物的新日粮模式，并制定了甘蔗尾梢颗粒饲料牛羊饲养技术规程。

第一节　甘蔗尾梢颗粒饲料日粮搭配

一、甘蔗尾梢颗粒饲料育肥羊日粮搭配

甘蔗尾梢颗粒饲料肉羊饲喂搭配技术是肉羊养殖方式的革命，该技术能使饲料工业与当地饲料资源、养殖特点结合起来，改变山羊的

传统饲养模式。肉羊育肥主要包括适应期及育肥期这 2 个过程，根据日龄和体重及每个阶段所需营养物质合理搭配精饲料及粗料比例，达到快速育肥的目的。

育肥期肉羊以 6～10 月龄、体重在 25～35 千克较为合适，日粮以青粗饲料为主、精料补充为辅的原则进行合理搭配，饲喂过程注重饲料的适口性、生产的稳定性和养殖成本的经济性。根据断奶羔羊体重、公母等情况分栏饲养，日粮采用先粗后精的添加方式，粗料以青绿鲜草及干草为主，饲喂粗料后 1 小时补饲自身体重 1%～2% 的甘蔗尾梢肉羊颗粒饲料，早晚各 1 次，6 月龄左右的肉羊每天增加补饲甘蔗尾梢山羊颗粒饲料 0.25～0.50 千克（图 5-1）。

育肥期肉羊饲喂甘蔗尾梢颗粒饲料能有效改善育肥羊体型、毛色及精神状况，显著提高生长速度、育肥羊养殖毛利润及经济效益（图 5-2）。育肥期间采用甘蔗尾梢颗粒饲料作为精饲料，建议的搭配组合如表 5-1 所示。

表 5-1　肉羊育肥期日粮搭配组合

育肥时期	草料（千克／天）	甘蔗尾梢肉羊颗粒饲料（千克／天）
适应期（7～15 天）	3.0～4.0	0.25～0.5
育肥期（60～90 天）	2.5～3.0	0.5～1.0

图 5-1　甘蔗尾梢颗粒饲料肉羊饲喂

图 5-2　甘蔗尾梢颗粒饲料黑山羊饲养

二、甘蔗尾梢颗粒饲料育肥牛日粮搭配

肉牛的快速育肥包括育肥适应期、过渡期及育肥后期 3 个阶段，根据肉牛月龄和体重及每个阶段肉牛生长所需能量合理调整精饲料和粗草料的饲喂量。育肥牛一般为 12 ～ 18 月龄、体重在 300 ～ 400 千克的公牛，要求生长发育良好、健康无疫病。日粮组成为自身体重的 1% ～ 2% 的精饲料和一定量的粗饲料，甘蔗尾梢颗粒饲料能有效改善育肥牛体型、毛色及精神状况，显著提高生长速度、育肥牛养殖毛利润及经济效益（图 5-3 至图 5-5）。肉牛育肥期采用甘蔗尾梢颗粒饲料作为日粮，建议的搭配组合如表 5-2 所示。

表 5-2　肉牛育肥期日粮搭配组合

育肥时期	草料（千克／天）	甘蔗尾梢肉牛颗粒饲料（千克／天）
适应期（7 ～ 15 天）	10 ～ 15	2.5 ～ 3.0
过渡期（25 ～ 35 天）	15 ～ 20	4.0 ～ 5.0
育肥后期（40 ～ 50 天）	20 ～ 25	3.0 ～ 4.0

图 5-3　甘蔗尾梢颗粒饲料肉牛饲喂应用

图 5-4　甘蔗尾梢颗粒饲料肉牛饲喂应用

图 5-5　甘蔗尾梢颗粒饲料肉牛饲喂应用

第二节　甘蔗尾梢发酵饲料日粮搭配

一、甘蔗尾梢发酵饲料育肥羊日粮搭配

育肥期肉羊选用 6 ～ 10 月龄山羊，其中以公羊为佳，体态特征是四肢健壮、骨架大、腰身长、蹄质坚硬、健康无疾病的品种最为合适，广西常见的品种如马山黑山羊、努比亚、隆林羊等。育肥过程应当选择通风干燥，光照充足、冬暖夏凉、卫生整洁的场地。用于肉羊饲喂的甘蔗尾梢需揉丝处理后再进行精粗结合发酵，其发酵料营养丰富，可满足肉羊育肥期不同阶段营养需求，适口性好，羊只易采食（图 5-6、图 5-7）。除了饲喂发酵饲料外，肉羊养殖过程还需添加一定量的新鲜牧草和干草以辅助消化，常见的干草有花生秧、豆秸、苜蓿等。采用甘蔗尾梢发酵饲料作为肉羊育肥期日粮，其搭配组合建议如表 5-3 所示。

表 5-3   肉羊育肥期日粮搭配组合

育肥时期	甘蔗尾梢发酵饲料 （千克／天）	新鲜草料 （千克／天）	干草 （千克／天）
适应期（7～15 天）	2.5～3.5	0.5～1.0	0.5～1.0
育肥期（60～90 天）	3.0～4.0	0.5～1.0	0.5～1.0

图 5-6   甘蔗尾梢发酵饲料肉羊饲喂应用

图 5-7   甘蔗尾梢发酵饲料黑山羊饲喂应用

二、甘蔗尾梢发酵饲料育肥牛日粮搭配

发酵饲料是目前畜禽养殖中重要的资源，甘蔗尾梢发酵饲料采用的是精粗混合发酵，通过添加精饲料、微量元素、维生素和矿物质等营养成分，提高饲料整体水平，满足不同畜禽生长所需营养需求，可作为新型畜禽日粮选择。广西常见育肥牛品种有西门塔尔、安格斯、夏洛莱和本地改良黄牛等，日粮基本均以青贮或发酵料结合精饲料进行饲喂为主。广西是甘蔗主产区，甘蔗尾梢资源丰富，适合用于发酵饲料的制作，采用甘蔗尾梢发酵饲料作为肉牛日粮，可满足肉牛育肥期营养需求，但为了促进肉牛瘤胃对饲料的消化，通常需额外添加一定量的新鲜草料或干草进行辅助饲喂（图5-8至图5-10）。肉牛育肥期建议的日粮搭配组合如表5-4所示。

表5-4　肉牛育肥期日粮搭配组合

育肥时期	草料（千克／天）	甘蔗尾梢发酵饲料（千克／天）
适应期（7～15天）	2～3	15～20
过渡期（25～35天）	3～4	20～25
育肥后期（40～50天）	4～5	18～22

图5-8　甘蔗尾梢发酵饲料肉牛饲喂应用

图 5-9　甘蔗尾梢发酵饲料肉牛饲喂应用

图 5-10　甘蔗尾梢发酵饲料肉牛饲喂应用

附录一
甘蔗尾梢牛羊颗粒饲料生产技术规程

1 范围

本文件规定了甘蔗尾梢牛羊颗粒饲料生产技术的术语和定义、生产技术、质量要求、检测方法、标志、运输、贮存和保质期。

本文件适用于广西境内肉牛、肉羊甘蔗尾梢颗粒饲料的生产。

2 规范性引用文件

下列文件对于本文件的应用是必不可少的。凡是注日期的引用文件，仅注日期的版本适用于本文件。凡是不注日期的引用文件，其最新版本（包括所有的修改单）适用于本文件。

GB/T 6432　饲料中粗蛋白的测定方法　凯氏定氮法

GB/T 6433　饲料中粗脂肪的测定

GB/T 6434　饲料中粗纤维的含量测定　过滤法

GB/T 6435　饲料中水分的测定

GB/T 6437　饲料中总磷的测定　分光光度法

GB/T 6438　饲料中粗灰分的测定

GB/T 6439　饲料中水溶性氯化钠的测定

GB 10648　饲料标签

GB 13078　饲料卫生标准

GB/T 13081　饲料中汞的测定

GB/T 13088　饲料中铬的测定

GB/T 13092　饲料中霉菌总数的测定

GB/T 13093　饲料中细菌总数的测定

GB/T 13885　饲料中钙、铜、铁、镁、锰、钾、钠和锌含量的测

定　原子吸收光谱法

GB/T 16765　颗粒饲料通用技术条件

GB/T 28642　饲料中沙门氏菌的快速检测方法　聚合酶链式反应（PCR）法

GB/T 36858　饲料中黄曲霉毒素 B_1 的测定　高效液相色谱法

中华人民共和国农业部公告第 1773 号　饲料原料目录

3　术语和定义

下列术语和定义适用于本文件。

3.1　甘蔗尾梢颗粒饲料 sugarcane caudate lobe pellet feed

以甘蔗尾梢为主要原料，干燥粉碎后，根据肉牛肉羊不同生长阶段的营养需要，按照不同比例加入玉米、豆粕、麦麸、碳酸氢钠、复合维生素和微量元素等饲料原料及辅料，混合制粒而成。

3.2　肉牛 beef cattle

在经济或形体结构上用于生产牛肉的品种（系）。

3.3　肉羊 mutton sheep

在经济或形体结构上用于生产羊肉的品种（系）。

4　生产技术

4.1　生产设备

颗粒生产设备主要是颗粒机或颗粒机组。小规模颗粒饲料生产中宜采用颗粒机单机进行制粒；规模化、商业化的颗粒饲料生产宜采用颗粒机与各种配套设备组成的机组。

4.2　技术指标

包括但不限于以下：

——粉碎孔径：4 mm ～ 6 mm；

——颗粒规格：羊用颗粒饲料直径 4 mm ～ 6 mm，牛用颗粒饲料 10 mm ～ 12 mm。

4.3　原辅料准备

4.3.1　原料准备

选用采收后无杂质，无黄叶的鲜绿甘蔗尾梢，尾梢蔗秆头变红者应砍掉 20 cm 以上直至出现新鲜蔗秆头。采收后用秸秆揉搓机对甘蔗尾梢进行揉搓，形成长度为 2 cm ～ 3 cm 丝状长条为宜。

4.3.2　干燥方式

4.3.2.1　自然干燥

采收或揉搓后的甘蔗尾梢均匀摊晾，自然阴干为宜，每天翻晾 5 次～ 8 次，注意通风、防雨。

4.3.2.2　机械干燥

可采用气流式干燥机等干燥设备进行循环干燥烘干，烘干温度 180℃～ 220℃，烘干时间 1 min ～ 3 min。

4.3.2.3　混合干燥

可采用自然干燥与机械干燥组合干燥，自然晾干至水分含量 40％～ 50％时，再用干燥设备进一步干燥，烘干温度 120℃～ 140℃，烘干时间 1 min ～ 2 min。

4.3.3　原料草粉制备与贮存

选择 2 mm ～ 4 mm 筛目饲料粉碎机进行粉碎。不需要贮存直接用于生产的原料，水分含量可在 15％～ 20％；需要长时间贮存的原料，水分含量应低于 15％。

4.3.4　辅料准备

按肉牛肉羊颗粒饲料单位生产量准备玉米、豆粕、麦麸、碳酸氢钠、复合维生素和微量元素等配料。各原料应符合中华人民共和国农业部公告第 1773 号的规定。

4.4　配方设计

4.4.1　按肉牛肉羊不同生长阶段的营养需要，配制相应营养水平的颗粒饲料。

4.4.2 肉牛颗粒饲料推荐配方（育肥期）

见表 1，复合维生素及微量元素组成分别见表 2、表 3。

表 1　甘蔗尾梢肉牛颗粒饲料推荐配方（育肥期）

原料	甘蔗尾梢	玉米	豆粕	米糠或麦麸	碳酸氢钠	氯化钠	复合维生素	微量元素
份数	30～40	30～40	5～10	12～15	1～2	0.8～1.0	2～5	0.1～0.5

表 2　甘蔗尾梢肉牛颗粒饲料复合维生素组成

维生素	VC	VB$_1$	VB$_2$	VB$_6$	VB$_{12}$	叶酸	VE	胡萝卜素	肌醇	烟酸	泛酸钙
百分比（%）	35	1.5	2.3	1.2	0.5	1.5	18	2	22	12	4

表 3　甘蔗尾梢肉牛颗粒饲料微量元素组成

微量元素	硫酸亚铁	一水合硫酸镁	硫酸锌	硫酸铜	硫酸锰	硫酸钴	硼酸钠	碘酸钾	二水合钼酸钠	亚硒酸钠
百分比（%）	40	10	10	8	8	6	6	6	4	2

4.4.3 肉羊颗粒饲料推荐配方（育肥期）

见表 4，复合维生素及微量元素组成分别见表 5、表 6。

表 4　甘蔗尾梢肉羊颗粒饲料推荐配方（育肥期）

原料	甘蔗尾梢	玉米	豆粕	麦麸	碳酸氢钠	氯化钠	复合维生素	微量元素
份数	15～20	40～50	14～18	12～15	1～2	0.8～1.0	2～5	0.1～0.5

表 5　甘蔗尾梢肉羊颗粒饲料复合维生素组成

维生素	VC	VB$_1$	VB$_2$	VB$_6$	VB$_{12}$	叶酸	VE	胡萝卜素	肌醇	烟酸	泛酸钙
百分比（%）	35	1.5	2.3	1.2	0.5	1.5	18	2	22	12	4

表6　甘蔗尾梢肉羊颗粒饲料微量元素组成

微量元素	硫酸亚铁	一水合硫酸镁	硫酸锌	硫酸铜	硫酸锰	硫酸钴	硼酸钠	碘酸钾	二水合钼酸钠	亚硒酸钠
百分比（％）	40	10	10	8	8	6	6	6	4	2

4.5　生产工艺

4.5.1　生产工艺流程图

见图1。

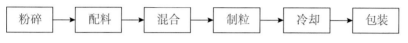

图1　甘蔗尾梢肉牛肉羊颗粒饲料生产工艺流程

4.5.2　粉碎

按各种原辅料的粉碎要求，用相应配套的粉碎筛片进行粉碎。

4.5.3　配料

按配方要求进行配料。

4.5.4　混合

根据颗粒饲料配方设计要求，按单位产量比例准确称量好各原辅料，然后将各辅料与少量原料草粉预混合，再加入全部草粉搅拌混匀，混合均匀度变异系数≤7％。各原辅料在混合前准确称量，量小的辅料应经过预混。

4.5.5　制粒

原辅料进入颗粒成型机挤压成型。

4.5.6　冷却

成型颗粒饲料冷却至常温。

4.5.7　包装

颗粒饲料产品应用不透水塑料编织袋包装，其重量偏差绝对值≤0.5％。包装规格可为每包20 kg～40 kg；也可根据供需双方约定执行。

5 质量要求

5.1 感官指标

色泽一致，无发酵、霉变、结块及异味。

5.2 水分要求

出厂时，颗粒饲料水分含量≤13%。

5.3 含粉率及粉化率

含粉率≤4.0%，分析允许绝对误差1.5%，判断合格标准≤5.5%；粉化率≤10.0%，分析允许绝对误差1.5%，判断合格标准≤11.5%。

5.4 卫生指标

应符合 GB 13078 的规定，见表7。

表7 卫生指标

项目	每千克产品的最高限量值
霉菌	$3×10^4$ 个
黄曲霉素 B_1	10 μg
铬	10 mg
汞	0.1 mg
沙门氏杆菌	不得检出
细菌总数	$2×10^6$ 个

5.5 营养成分指标

见表8。

表8 营养成分含量

项目	甘蔗尾梢肉牛颗粒饲料（育肥期）	甘蔗尾梢肉羊颗粒饲料（育肥期）
粗蛋白（%）	≥12.0	≥15.0
粗脂肪（%）	≥3.0	≥3.0
粗纤维（%）	≤10.0	≤8.0
粗灰分（%）	≤8.0	≤8.0

（续表）

项目	甘蔗尾梢肉牛颗粒饲料（育肥期）	甘蔗尾梢肉羊颗粒饲料（育肥期）
钙（%）	0.8～1.6	0.8～1.6
总磷（%）	0.5～1.0	0.5～1.0
氯化钠（%）	≥0.6	≥0.6

6　检测方法

见表9。

表9　检测方法

项目	检测方法
水分	应符合GB/T 6435的规定
含粉率及粉化率	应符合GB/T 16765的规定
粗蛋白	应符合GB/T 6432的规定
粗脂肪	应符合GB/T 6433的规定
粗纤维	应符合GB/T 6434的规定
粗灰分	应符合GB/T 6438的规定
钙	应符合GB/T 13885的规定
总磷	应符合GB/T 6437的规定
氯化钠	应符合GB/T 6439的规定
霉菌	应符合GB/T 13092的规定
铬	应符合GB/T 13088的规定
汞	应符合GB/T 13081的规定
黄曲霉毒素B_1	应符合GB/T 36858的规定
沙门氏菌	符合GB/T 28642的规定
细菌总数	应符合GB/T 13093的规定

7 标志、运输、贮存、保质期

7.1 标志

应符合 GB 10648 的规定。

7.2 运输

产品在运输过程中应防雨、防潮、防火、防污染。不得使用运输畜禽等动物的车辆运输饲料产品。产品运输及装卸工具应定期清洗和消毒。

7.3 贮存

产品贮存时，不得直接接触地面，离地应垫 10 cm ～ 20 cm 高的支架。应堆放整齐，每间隔 3 m 留通风道。支架连同饲料堆放高度≤ 180 cm，距离棚顶≥ 50 cm。露天暂时存放应做好防雨措施。

7.4 保质期

1—3 月、10—12 月保质期 60 d，4—9 月保质期 45 d。

资料来源：摘自《甘蔗尾梢牛羊颗粒饲料生产技术规程》，广西壮族自治区市场监督管理局发布，2020 年 11 月 30 日起实施。

附录二
甘蔗尾梢肉牛颗粒饲料饲养技术规程

1 范围

本标准规定了甘蔗尾梢肉牛颗粒饲料饲养技术的术语和定义、总体要求、饲养管理、疫病防控、运输及出售、病死牛及废弃物处理、资料记录等要求。

本标准适用于广西境内用甘蔗尾梢颗粒饲料饲养肉牛。

2 规范性引用文件

下列文件中的内容通过文中的规范性引用而构成本文件必不可少的条款。其中，注日期的引用文件，仅该日期对应的版本适用于本文件；不注日期的引用文件，其最新版本（包括所有的修改单）适用于本文件。

NY/T 388 畜禽场环境质量标准

NY/T 472 绿色食品 兽药使用准则

NY/T 2663 标准化养殖场 肉牛

NY 5027 无公害食品 畜禽饮用水水质

NY/T 5030 无公害农产品 兽药使用准则

NY 5032 无公害食品 畜禽饲料和饲料添加剂使用准则

NY/T 5128 无公害食品 肉牛饲养管理准则

DB45/T 2181—2020 甘蔗尾梢牛羊颗粒饲料生产技术规程

中华人民共和国农业部令 2002 年第 13 号 动物免疫标识管理办法

3 术语和定义

下列术语和定义适用于本文件。

3.1 甘蔗尾梢肉牛颗粒饲料 sugarcane caudate lobe pellet feed of cattle

以甘蔗尾梢为主要原料，经过快速干燥至水分含量15%～20%后粉碎，根据肉牛不同生长期的营养需要，配以玉米、豆粕、麦麸、碳酸氢钠、复合维生素和微量元素等，混合制粒而成。

3.2 净道 non-pollution road

场内牛群周转、饲养员行走、运送饲料的道路。

3.3 污道 pollution road

场内运送粪便、病死牛及养殖废弃物等出场的道路。

3.4 牛场废弃物 the waste of cattle farm

包括牛粪、尿、污水、病死牛、过期兽药、残余疫苗和各种物品包装物等。

4 总体要求

4.1 选址与布局

应符合 NY/T 388、NY/T 2663 的规定。

4.2 牛舍建设

应符合 NY/T 388、NY/T 2663 的规定。

4.3 饲养方式

实行圈养或栓系的饲养方法。

5 饲养管理

5.1 饲喂

5.1.1 甘蔗尾梢肉牛颗粒饲料

应按照 DB45/T 2181—2020 的要求制粒。

5.1.2 甘蔗尾梢肉牛颗粒饲料饲喂量

每头肉牛每天按体重的 1%～2% 饲喂甘蔗尾梢肉牛颗粒饲料，少喂勤添。

5.1.3　青粗饲料

每头肉牛每天按体重的8%～10%饲喂青粗饲料，如象草类牧草、玉米秸秆等。

5.1.4　饮水

保持充足的饮水，水质应符合NY 5027的规定。

5.1.5　饲料添加剂使用

应符合NY 5032的规定。

5.2　管理

5.2.1　根据生产工艺按体重大小强弱分群圈养或单独栓系，分别进行饲喂。

5.2.2　密度适宜，给予牛只充足的躺卧空间。

5.2.3　每天打扫牛舍卫生，保持料槽、水槽用具干净，地面清洁。

6　疫病防控

6.1　人员

饲养员应定期进行健康检查，取得健康合格证。场内兽医人员不得对外进行动物诊疗。

6.2　消毒

6.2.1　环境消毒

牛舍周围环境每2～3周消毒1次；牛场周围及场内污水池、贮粪坑、下水道出口，每月消毒1次。在大门口、牛舍入口设消毒池，定期更换消毒液。

6.2.2　人员消毒

工作人员进入生产区应更衣、消毒。严格控制外来人员，必须进入生产区时，应更换场区工作服和工作鞋，并遵守场内防疫制度，按指定路线行走。

6.2.3　牛舍消毒

每批牛只调出后，应彻底清扫干净，用高压水枪冲洗，然后进行喷雾消毒或熏蒸消毒。

6.2.4 用具消毒

定期对保温箱、补料槽、饲料车、料箱等进行消毒。

6.2.5 带牛消毒

定期进行带牛消毒。

6.2.6 免疫监测

应符合中华人民共和国农业部令 2002 年第 13 号的规定。

6.3 灭鼠、驱虫

采用物理方法进行灭鼠，死鼠需进行无害化处理；选择高效、安全的抗寄生虫药物进行驱虫。

6.3.1 消毒剂及兽药使用

应符合 NY/T 5030、NY/T 472 的规定。

7 运输及出售

出售牛只应经当地动物卫生监督机构检疫并出具合格证明。运输车辆在运输前和使用后应彻底消毒。运输途中，不应在疫区、城镇和集市停留、饮水和饲喂。

8 病、死牛及废弃物处理

有治疗价值的病牛应隔离饲养，由兽医进行诊治。需要淘汰的可疑病牛，应采取不把血液和浸出物散播的方法进行扑杀。不得出售病牛、死牛。废弃物处理实行减量化、无害化、资源化原则。粪便及污水经无害化处理后可作农业用肥。

9 资料记录

应符合 NY/T 5128 的规定。

资料来源：摘自《甘蔗尾梢肉牛颗粒饲料饲养技术规程》，广西壮族自治区市场监督管理局发布，2020 年 11 月 30 日起实施。

附录三
甘蔗尾梢山羊颗粒饲料饲养技术规程

1 范围

本文件规定了甘蔗尾梢（肉用型）山羊颗粒饲料饲养技术的术语和定义、总体要求、饲养管理、疫病防控、运输及出售、病死山羊及废弃物处理、资料记录等要求。

本文件适用于广西境内用甘蔗尾梢颗粒饲料饲养山羊。

2 规范性引用文件

下列文件中的内容通过文中的规范性引用而构成本文件必不可少的条款。其中，注日期的引用文件，仅该日期对应的版本适用于本文件；不注日期的引用文件，其最新版本（包括所有的修改单）适用于本文件。

NY/T 388 畜禽场环境质量标准

NY/T 472 绿色食品 兽药使用准则

NY 5027 无公害食品 畜禽饮用水水质

NY/T 5030 无公害农产品 兽药使用准则

NY/T 5032 无公害食品 畜禽饲料和饲料添加剂使用准则

DB45/T 1680 肉羊现代生态养殖规范

DB45/T 2183—2020 甘蔗尾梢牛羊颗粒饲料生产技术规程

中华人民共和国农业部令 2002 年第 13 号 动物免疫标识管理办法

3 术语和定义

下列术语和定义适用于本文件。

3.1 甘蔗尾梢山羊颗粒饲料 sugarcane caudate lobe pellet feed of goat

以甘蔗尾梢为主要原料，经过快速干燥至水分含量15％～20％后粉碎，配以玉米、豆粕、麦麸、碳酸氢钠、复合维生素和微量元素等，混合制粒而成。

3.2 净道 non-pollution road

场内羊群周转、饲养员行走、运送饲料的道路。

3.3 污道 pollution road

场内运送粪便、病死羊及养殖废弃物等出场的道路。

3.4 羊场废弃物 the waste of goat farm

包括羊粪、尿、污水、病死羊、过期兽药、残余疫苗和日常用品包装物等。

4 总体要求

4.1 选址与布局

应符合 NY/T 388、DB45/T 1680 的规定。

4.2 羊舍建设

应符合 NY/T 388、DB45/T 1680 的规定。

4.3 饲养方式

圈养或半圈养。

4.4 饲养管理

4.4.1 饲喂

4.4.2 甘蔗尾梢山羊颗粒饲料

应按照 DB45/T 2181—2020 的要求制粒。

4.4.3 甘蔗尾梢山羊颗粒饲料饲喂量

每只羊每天按体重 1％～2％饲喂甘蔗尾梢山羊颗粒饲料。

4.4.4 青粗饲料

根据大小每只肉羊每天饲喂 0.5 kg～1.5 kg 干草及 2.0 kg～3.0 kg 青绿鲜草。

4.4.5 饮水

保持充足的饮水，水质应符合 NY 5027 的规定。

4.4.6 饲料添加剂使用

应符合 NY/T 5032 的规定。

4.5 管理

4.5.1 管理要求

4.5.1.1 分群分阶段饲养、集中育肥。做到定人、定时、定量饲喂。

4.5.1.2 自由饮水。

4.5.1.3 羊只每天适量运动。

每天打扫羊舍及运动场卫生并定期清洗和消毒。

4.5.2 育肥羊管理

4.5.2.1 育肥前应做好羔羊断奶、分群、去势、驱虫以及修蹄等准备工作。

4.5.2.2 根据断奶羔羊体重、公母分群饲养。

4.5.2.3 出栏前 45 d 进行短期育肥，每天早晚两次补充饲喂甘蔗尾梢山羊颗粒饲料，体重 10 kg ～ 15 kg 的肉羊每天每只在原有基础上增加甘蔗尾梢山羊颗粒饲料 0.25 kg ～ 0.50 kg，体重达到 30 kg ～ 40 kg 时出栏。

5 疫病防控

5.1 人员

饲养员应定期进行健康检查，取得健康合格证。场内兽医人员不得对外诊疗动物。

5.2 消毒

应保持羊舍内外清洁卫生，食槽、水槽、用具等应定期清洗、消毒，羊舍门口设置消毒池。

5.3 免疫监测

应符合中华人民共和国农业部令 2002 年第 13 号的规定。

5.4 驱虫

5.4.1 春、秋各进行一次驱虫。

5.4.2 选择广谱、毒副作用小、高效安全的驱虫药物，并交替使用。

5.4.3 每年春、秋时节进行全群药浴 1～2 次。

5.4.4 病羊、小羔羊及妊娠 2 个月以上的重胎母羊不宜药浴。

5.5 消毒剂及兽药使用

应符合 NY/T 472、NY/T 5030 的规定。

6 运输及出售

出售山羊应经当地动物卫生监督机构检疫并出具合格证明。运输车辆在运输前和使用后应彻底消毒。运输途中，不应在疫区、城镇和集市停留、饮水和饲喂。

7 病、死山羊及废弃物处理

有治疗价值的病羊应隔离饲养，由兽医进行诊治。病、死山羊及废弃物处理应符合 DB45/T 1680 的规定。需要淘汰的可疑病羊，应采取不把血液和浸出物散播的方法进行扑杀。不得出售病羊、死羊。废弃物处理实行减量化、无害化、资源化原则。粪便及污水经无害化处理后可作农业用肥。

8 资料记录

应符合 DB45/T 1680 的规定。

资料来源：摘自《甘蔗尾梢山羊颗粒饲料饲养技术规程》，广西壮族自治区市场监督管理局发布，2020 年 11 月 30 日起实施。

参考文献

蔡明，牟兰，王宗礼，等，2014. 甘蔗副产物的饲料化利用研究 [J].
家畜生态学报，35（12）：70-75.

代正阳，邵丽霞，屠焰，等，2017. 甘蔗副产物饲料化利用研究
进展 [J]. 饲料研究（23）：11-15.

淡明，黄振勇，黄梅华，等，2018. 饲粮中添加甘蔗尾梢全价颗
粒饲料对肉牛生长性能及血清生化指标的影响 [J]. 中国饲料
（12）：60-64.

高雨飞，黎力之，欧阳克蕙，等，2014. 甘蔗梢作为饲料资源的
开发与利用 [J]. 饲料广角（21）：44-45.

龚利敏，王恬，2010. 饲料加工工艺学 [M]. 北京：中国农业大
学出版社.

郭晨光，王红英，2002. 甘蔗糖蜜在奶牛饲养上的应用 [J]. 中
国奶牛（2）：20-22.

韩志金，陈玉洁，田东海，等，2020. 甘蔗渣作为粗饲料对奶牛生
产性能、养分消化和采食行为的影响 [J]. 中国饲料（2）：75-
79.

江明生，韦英明，邹隆树，等，1999. 氨化与微贮处理甘蔗叶梢
饲喂水牛试验 [J]. 广西农业生物科学（2）：24-27.

李改英，傅彤，廉红霞，等，2010. 糖蜜在反刍动物生产及青贮
饲料中的应用研究 [J]. 中国畜牧兽医，37(3)：32-34.

李明，田洪春，黄智刚，2017. 我国甘蔗产业发展现状研究 [J].
中国糖料，39（1）：67-70.

李楠，赵辰龙，周瑞芳，等，2014. 利用甘蔗尾叶生产蛋白饲料的研究 [J]. 饲料工业，35（09）:22-26.

李文娟，王世琴，马涛，等，2016. 体外产气法评定甘蔗副产物作为草食动物饲料的营养价值 [J]. 饲料研究（18）:16-22+27.

刘晓雪，王新超，2017. 2015/2016 榨季中国食糖生产形势分析与 2016/2017 榨季展望 [J]. 农业展望，13（2）:41-48.

刘洋，洪亚楠，姚艳丽，等，2017. 中国甘蔗渣综合利用现状分析 [J]. 热带农业科学，37（2）:91-95.

罗启荣，2017. 甘蔗叶与甘蔗渣用于饲料的开发利用 [J]. 农业与技术，37（12）:243.

生物饲料开发国家工程研究中心，2019. 发酵饲料生产导图 [M]. 北京：中国农业出版社.

苏江滨，高俊永，黄向阳，2012. 甘蔗渣的几种高值化利用研究进展 [J]. 甘蔗糖业（5）:49-52.

王小娟，吴海庆，2020. 糖蜜在反刍动物生产及青贮饲料中的应用研究进展 [J]. 广东饲料，29（4）:31-33.

韦树昌，农秋阳，黄耘，等，2019. 甘蔗制糖副产物制备反刍动物颗粒饲料的研究 [J]. 轻工科技，35（5）:16-17.

肖宇,孙建凤,赵军,等,2011. 糖蜜在反刍动物营养中的应用 [J]. 中国饲料（2）:18-20.

辛明，黄振勇，黄梅华，等，2017. 不同含水量对甘蔗尾梢贮藏品质的影响 [J]. 热带作物学报，38（4）:728-733.

辛明，黄振勇，黄梅华，等，2017. 牛、羊全价颗粒饲料储存期间品质变化的研究 [J]. 饲料工业，38（9）:39-42.

辛明，黄振勇，杨再位，等，2017. 甘蔗尾梢颗粒饲料对育肥牛、羊生长性能的影响 [J]. 饲料工业，38（11）:46-50.

徐馨琦，2014. 中国饲料工业的发展及其对畜牧业发展的影响 [J]. 当代畜禽养殖业（3）:40-41.

杨在宾，刘丽，杜明宏，2008. 我国饲料业的发展及饲料资源供求现状浅析 [J]. 饲料工业（19）:45-49.

张红梅，2014. 甘蔗叶梢氨化及饲喂肉牛的技术经验 [J]. 畜禽业（2）:25.

张硕，孟庆翔，吴浩，等，2020. 微生物发酵饲料在反刍动物生产中的应用研究进展 [J]. 中国畜牧杂志，56（1）:25-29.

朱欣，郝俊，刘洪来，等，2015.6 种不同添加物对甘蔗叶梢青贮发酵品质的影响 [J]. 草地学报，23（2）:407-413.